ANDREAS KÜFFNER

THE NETWORKER

Warum perfektes Netzwerken
der Turbo im Network-Marketing ist

Bibliografische Information der Deutschen Nationalbibliothek:
Die Deutsche Nationalbibliothek verzeichnet diese Publikation in der Deutschen Nationalbiografie; detaillierte bibliografische Daten sind im Internet abrufbar über
http://dnb.d-nb.de

ISBN: 978-3-96566-015-1

Impressum
Verlag:
REKRU-TIER GmbH, München

Network Marketing hat die Kraft, Dein Leben zu verändern.

GRUSSWORT **DANIEN FEIER**

Sehr gerne schreibe ich anlässlich der Veröffentlichung seines Buches ein paar persönliche Zeilen für Andreas. Privat und auch geschäftlich kenne ich Andreas erst ein paar Jahre, doch in dieser kurzen Zeit ist eine Verbindung entstanden, die andere über Jahrzehnte nicht aufbauen können. Ich kann nur sagen: Gesucht und gefunden! Was ich noch sagen kann, ist, dass er einer der talentiertesten und vor allem professionellsten Networker ist, die ich persönlich kenne.

Das ist auch der Grund für den turboschnellen Aufstieg in seiner aktuell noch so kurzen Zeit als Network-Marketing Professional. Das, was er aufgebaut hat, das Niveau, auf dem er arbeitet, die Strahlkraft, die er besitzt und die Ergebnisse, die er produziert, sind für uns alle beispielgebend und inspirierend.

Was ich allerdings am meisten an ihm schätze, ist, dass er sich extrem in seine Partner investiert und die Essenz unserer Industrie, nämlich erfolgreiche Menschen zu „produzieren" nicht nur verstanden hat, sondern auch lebt wie kein anderer. Das ist zugleich der Grund für seinen außergewöhnlichen Erfolg im Network-Marketing.

Für die Zukunft wünsche ich ihm und allen seinen Netzwerkpartnern alles erdenklich Gute und natürlich den weiteren Aufstieg an die Spitze unserer weltweiten Network-Marketing Community. Den Lesern seines Buches empfehle ich nach seinen Prinzipien zu agieren, denn die Basis für ein außergewöhnlich Leben und erfolgreiches Network-Business ist die gute, funktionierende Verbindung zwischen den Menschen. In diesem Sinne: Sei oder werde auch Du „The Networker".

Dein Danien Feier

Network-Marketing Professional and one of the world's top earners in the industry,
Founder of UnityGlobal

GRUSSWORT **DIRK KREUTER**

Die Wege von Andreas Küffner und mir haben sich in den letzten Jahren schon öfter gekreuzt. Es waren stets Treffen mit Inspiration, voller positiver Kraft, gegenseitigem Input und gleichzeitig von höchster Wertschätzung. In meinen Verkaufstrainings und meiner Vertriebsoffensive setze ich die Macht von Mustern ebenso ins Rampenlicht wie ich den Teilnehmern meiner Events verdeutliche, welche Erfolge im Bereich Sales möglich sind, wenn sie die Fähigkeit beherrschen, komplexe Vorgänge und Zusammenhänge auf einfache, unterhaltsame aber ebenso informative Art und Weise darzustellen.

Genau diese Befähigung besitzt Andreas Küffner in höchster Güte, wobei er in beeindruckender Form auf die Wirkung von Charisma, Begeisterung, Einfachheit und kluge Führungsprinzipien setzt. Sein Wirken ist stets geprägt von absoluter Professionalität und permanenter Analyse des eigenen Tuns sowie dem Streben nach dem bestmöglichen Ergebnis. Das wiederum prägt sein Image und macht ihn für alle innerhalb und auch außerhalb seines beeindruckenden Netzwerkes zu einem äußerst wertvollen und vorbildhaften Menschen. Andreas versteht es nahezu in Perfektion, neue Kontakte zu erschließen, zu pflegen und ein nachhaltig, funktionelles Netzwerk daraus zu bauen. Sein gigantischer Erfolg im Network-Marketing ist nur die logische Konsequenz daraus!

So wie ich mich freue, einen Menschen wie ihn zu kennen und auch begleiten zu dürfen, so glücklich kannst Du sein, mit diesem Buch von ihm zu lernen! Für Deinen Erfolgsweg wünsche ich Dir daher gutes Gelingen, ein gutes Händchen beim Networking und sofern Du aktiver Networker bist, den echten Durchbruch im Network-Marketing!

Fette Beute und herzliche Grüße

Dirk Kreuter

#1 Verkaufstrainer & Bestsellerautor „Umsatz extrem", Weltrekordhalter für das größte Verkaufstraining (Guinnessbuch der Rekorde 2018)

INHALT

10 BASIS-NETWORK-REGELN – DAS MANIFEST VOM NETWORKER

1 **Kontakte nicht** blindlings drauflos, sondern suche aus, indem Du analysierst und priorisierst.

2 **Suche nur** Menschen, die selbstmotiviert sind und die zu Deinem Geschäft passen. Oder würdest Du jemanden ohne Führerschein einstellen, wenn Du einen Taxifahrer suchst? Also: Klasse geht immer vor Masse!

3 **Gib Dir** selber ausreichend Zeit für den Aufbau eines Netzwerkes und für Deinen eigenen Erfolg.

4 **Vorbereitung ist** die wichtigste Grundlage für einen Gesprächstermin. Entscheidend ist: Wen triffst Du – und dementsprechend musst Du auch auf Augenhöhe mit ihm kommunizieren. Du musst Dich auf ihn einlassen, nicht umgekehrt! Extra-Tipp: Wenn Du das mal bei jemandem nicht kannst, dann suche Dir jemanden aus Deiner Upline, der es kann und nutze so die Macht der dritten Person.

5 **Wer gut** drauf ist, kommt gut an! Daher ist es so enorm wichtig, selber mit sich im Reinen und im Gleichgewicht zu sein, um halt gute Laune zu haben und positiv auf andere zu wirken! Denn das macht Dich attraktiv!

6 **Im Network-Marketing** baust Du ein Geschäft auf, also musst Du Menschen finden, die von diesem Business auch profitieren. Ihre Bedürfnisse müssen befriedigt werden.

7 **Sei Dir** darüber bewusst: Beim Aufbau von Kontakten bist Du immer erst in der Geberrolle, um später dann etwas zurückzubekommen. Und: Vergiss nicht, auch andere Kontakte miteinander zu verknüpfen, weil daraus wieder neues Potenzial erwächst.

8 **Rund zehn** Prozent Deiner täglichen Zeit solltest Du für den Ausbau Deines schon bestehenden Netzwerkes investieren, und zwar ohne diese Kontakte gleich zu pitchen. Aber zu dieser Zeitinvestition gehört auch, die bestehenden Kontakte entsprechend sorgsam zu pflegen. Daher: Fülle Deine Pipeline!

9 **Betone das** „Warum“ und beantworte es, denn das ist die Story. So wird das Gespräch und die Thematik „Network-Marketing“ emotionalisiert: Warum willst Du diesen Kontakt im Geschäft mit dabei haben? Warum triffst Du Dich mit ihm? Warum machst Du das …?

10 **Accounting is** your Boss! Heißt: Sowie Du jemanden kennenlernst und seine Bedürfnisse erfahren hast, lege diesen Namen in Deiner Kontaktliste an, notiere die Merkmale, damit Du sie im Folgegespräch wieder nutzen kannst, um aus dem Kontakt eine geschäftliche Beziehung kreieren zu können.

PROLOG

Ich werde immer wieder gefragt, was denn mein persönliches Erfolgsrezept sei. Dann antworte ich meist mit einer Gegenfrage: „Gibt es denn überhaupt ein Rezept, ein wahrhaft gültiges für den Erfolg schlechthin?" Also eine generelle, universell anwendbare Formel, um erfolgreich zu sein? Oder ist es nicht vielmehr so, dass es von der jeweils individuellen Person abhängt, ob sie erfolgreich ist und sich selbst als erfolgreich betrachtet? Denn zum einen muss man doch erst einmal definieren, was Erfolg ist. Oder noch konkreter: Was ist Erfolg für Dich? Wann fühlst Du Dich erfolgreich? Wann und in welcher Phase würdest Du Dich als erfolgreich bezeichnen? Wenn Du unendlich viel Geld auf Deinem Konto hast? Wenn Du eine glückliche Familie um Dich hast? Wenn Du Dir materiell alles leisten kannst, was Du willst und wann Du es willst? Wenn Du bei der Urlaubsplanung ausschließlich auf 5-Sterne-Hotels achtest und Dich 3-Sterne-Unterkünfte gar nicht mehr interessieren? Wenn Du im Beruf alles erreicht hast und einsam an der Spitze bist? Wenn Du Menschen um Dich hast, die Dir nacheifern und ebenso Deinen Weg gehen wollen? Wenn Dein Erfolg so groß ist, dass für Dich nur noch eines zählt, nämlich andere ebenso erfolgreich zu machen? Wenn DU Dir Deine Zeit selber einteilen könntest? Wenn Du Dich mehr Deinen Hobbys als Deiner Arbeit widmen könntest? Fragen über Fragen – aber definieren sie Erfolg? Deinen Erfolg?

Eines kann ich Dir vorweg verraten: Bei mir stehen vor dem Materiellen primär noch ganz andere Faktoren in der ersten Reihe in Hinblick auf Glück und Erfolg. Ich will in erster Linie mein Können, meine Skills immer weiter schärfen, sie vertiefen und mein Können ausbauen. Darum arbeite ich auch täglich an meinem Mindset, überdenke das, wie und was ich denke. Ich hinterfrage selbstkritisch meine Denkmuster und Sichtweisen. Nicht, um mich selber in Zweifel zu ziehen, sondern vielmehr, um mich von innen nach außen hin zunehmend zu stärken. Parallel dazu arbeite ich unentwegt an der Fähigkeit, auch andere starke Persönlichkeiten neben mir und um mich herum auszuhalten. Denn genau das macht mich permanent „coach-able“ – damit verlerne ich nie die wichtige Fähigkeit, von anderen zu lernen, selbst dazuzulernen und das Beste in und von mir jeden Tag ein bisschen besser zu machen.

Selbstverständlich habe auch ich ein Ego, davon ist niemand frei und das ist meines Erachtens gut so, weil eine gewisse Portion Ego einfach zu einem Menschen mit einer Dosis Standing dazugehört. Aber ich habe nicht den permanenten Drang, mich stets im Vordergrund positionieren zu müssen. Denn manchmal kann der Hintergrund auch das „bessere vorne“ sein – oder das smartere. Diese Einsicht halte ich für einen wirklichen Vorteil meinerseits. Im Gegenteil, denn wenn ich Situationen oder Abschnitte meines Lebens und Wirkens kurz danach selbstkritisch reflektiere – genau das tue ich immer wieder –, dann wird mir stets bewusst: Ich wäre noch besser, es würde noch besser laufen, die Resultate wären noch positiver und damit wäre ich zudem noch glücklicher, würde ich noch konsequenter zu mir selbst sein. Bei sich zu bleiben, Regeln und Grenzen zu setzen, auf ihre Einhaltung zu achten, diese Disziplin ist ein großes Stück Klarheit, das mehr Transparenz gewährt. Genau diese Transparenz ist es wiederum, die es dem Umfeld – privat und geschäftlich – einfacher macht, mit mir als Person und mit meinem Denken umgehen zu können. Das verleiht gleichermaßen Sicherheit, Stabilität, Vertrauen und Ruhe. Und für diese Klarheit und Wahrheit sind Familie, Freunde und Kollegen regelrecht dankbar, weil sie diese Atmosphäre nicht oft und nicht woanders erleben dürfen. Ein wesentlicher Faktor für meinen Erfolg.

Zu meinem Erfolg gehört aber auch die Erkenntnis und das Bekenntnis ein Träumer zu sein. Jemand, der mental in eine andere Welt abtauchen kann und der es genießt, eben in dieser Welt zu flanieren. Nicht als Flucht, sondern um mir selber eine gewisse Sicherheit für reale Situationen anzueignen. So ist es mir möglich, rechtzeitig und damit verantwortungsvoll zu reagieren, wenn der entsprechende Zeitpunkt gekommen ist. Momente, Umstände, die man nämlich geistig schon einmal durchlaufen hat, wo man das Drehbuch kennt und weiß, was geschieht oder zumindest passieren kann, die meistert man selber viel gelassener, gekonnter und ebenso bewusster. Man ist der Situation gewachsen, weil man ihr den Überraschungseffekt nimmt. Das ist so, als ob man sich einen Horror-Movie ohne Ton im Schnellvorlauf ansehen würde. Spulst Du dann zurück und siehst den Film erneut in üblicher Geschwindigkeit mit Ton an, kann Dich nichts mehr „schocken", denn Du bist auf alles vorbereitet, was da kommt. Und wem diese Art Film nicht behagt, bei dem klappt es auch mit einem Liebesfilm. Küsst sie ihn oder nicht? „Happy End" oder „Sad Finale"? Der tonlose Schnellvorlauf wird's zeigen und der normale Modus senkt dann die Herzfrequenz …

Genauso spielt das Network-Marketing-Leben. Dream your challenge and be the challenge-master! Die Herausforderung träumen, alle Hürden in der eigenen Phantasie aufstellen und überwinden, das Kopfkino laufen lassen – was soll Dir da im Leben, bei der nächsten anstehenden Herausforderung noch für eine Überraschung im Wege stehen? Was soll Dich dann noch aus der Bahn werfen? Du weißt doch, was auf Dich zukommen kann – aber nicht muss. Du bist gefeit, vorbereitet und somit „startklar“ und damit im Network „auf der Straße zum Erfolg“.

Einsatzbereit zu sein, ist aber nicht nur eine Frage der mentalen Vorbereitung. Denn Wissen zu haben nützt nichts, wenn Du es nicht anwenden und einsetzen kannst. Was bringt Dir die beste Golfschläger-Ausrüstung, wenn Du statt den Ball zu treffen nur die Grasnarben zum Fliegen bringst und Löcher ins Green hackst? Deshalb ist vorher das Training so wichtig: üben, üben, üben – so lange, bis das, was Du können musst, Dir in Fleisch und Blut übergegangen ist. So sehr, dass Du diese erlernte Fähigkeit exakt dann abrufen kannst, wann Du sie brauchst. Das schafft innere Ruhe und verleiht Dir die Gewissheit, dass Du Dich auf Dich selbst jederzeit verlassen kannst. Eine innere Kraft, die für Deinen Erfolg insbesondere im Network-Marketing-Business sicherlich maßgeblich ist. Sei ein Profi und beherrsche Dein Business. Fülle Deine Aktivitäten mit Kompetenz und Können aus. Kurz gesagt: Beherrsche Dein Handwerk. Be the king of your own!

Hast Du Dich aber schon einmal gefragt, warum unsere faszinierende Branche so heißt, wie sie heißt? Ich schon. Und die Antwort ist ebenso aufschlussreich wie selbstredend. Warum also heißt Network-Marketing eben Network-Marketing? Ich könnte auch fragen: Warum steht das Network an erster Stelle? Warum trägt das Business des 21. Jahrhunderts nicht den Namen Marketing-Network? Berechtigte Frage, oder? Was meinst Du? Oder macht es vielleicht gar keinen Unterschied und ist nur eine bloße Wortspielerei? Ich glaube nicht! Denn in dem Namen steckt genau das, was die Grundlage, die absolute, unabdingbare Basis für den Erfolg im Network-Marketing ist: Network!

Du bist alles mit einem guten Netzwerk, Du bist aber auch nichts ohne. Und das wiederum bringt mich wieder zu der anfangs gestellten Frage: Was ist mein persönliches Erfolgsrezept? Dann lautet meine Antwort jetzt darauf: Zu einem erheblichen Teil mein großes, großartiges, schon lange gehegtes und gepflegtes, mit Bedacht und Verstand aufgebautes Netzwerk. Es ist die Tankstelle meines Wirkens, das Kraftwerk meiner Arbeit, die Powerline meiner Möglichkeiten. Meine Kontakte im Network, die ich über Jahre hin aufgebaut habe, weil ich Menschen liebe, weil ich mich für sie interessiere, weil ich in ihnen lese und von ihnen lerne und weil ich gerne meine Erfahrungen mit ihnen teile – sie sind daher der Turbo meines Erfolgs und machen mich erst zu dem, was ich heute bin: **The Networker!**

1. TEIL – DER WEG ZUM WARUM

EIN BALL ROLLT INS ABENTEUER NAMENS LEBEN

Kontakte schaden nur dem, der keine hat ...!“ Eine allgemein bekannte Binsenweisheit. Fast schon eine banale Phrase. Aber dennoch, ich komme um diesen Satz wirklich nicht herum. Und dies aus einem einzigen Grund: Weil eben so viel Wahrheit in ihm steckt. Eine Wahrheit, die ganz speziell und im Besonderen für das Business des 21. Jahrhunderts zählt – dem Network-Marketing. Kontakte sind das moderne Gold unserer Zeit. Sie sind ein Schatz, eine Sammlung an lebendigen Juwelen und so mancher weiß gar nicht, auf was für einem Reichtum er da sitzt, weil er sich entweder um seine Kontakte viel zu wenig kümmert, diese Kontakte viel zu selten nutzt – und ich verwende hier extra nicht das Verb „ausnutzt“–, oder weil er noch gar kein Netzwerk hat. Wahrscheinlich, weil der- oder diejenige sich gar nicht darüber im Klaren ist, wie wertvoll, bedeutsam und auch fruchtbar aktive, gepflegte Kontakte in hoher Anzahl sind. Gerade heutzutage und insbesondere in unserem Network-Marketing-Business, das nämlich von Kontakten lebt und dessen Erfolge auf genau diesen Kontakten basieren. Dies ist umso erstaunlicher, wo doch gefühlt beinahe jeder heutzutage in den Sozialen Medien unterwegs ist. In Zeiten von Facebook, Instagram, Xing, LinkedIn, Twitter, TikTok & Co ist ein Kontakt doch nur einen Klick weit entfernt. Doch trotzdem erlebe ich es immer wieder, dass die meisten jungen Menschen kein intaktes, funktionierendes und vor allem breit angelegtes Netzwerk haben. Schon bin ich wieder bei meinem eingangs erwähnten Motto: „Kontakte schaden nur dem, der keine hat ...!“ Eines, dass heutzutage jeder, absolut jeder beherzigen sollte, wenn er ganz oben mitspielen möchte ...

Du fragst, warum ich Erfolg habe? Die Antwort kann ich Dir geben: Weil ich „best contacts and even better network“ habe, ein vitales Netzwerk, das ich über Jahre hin zunehmend aufgebaut habe, dessen Gesetzmäßigkeiten ich erlernt, recherchiert, ausprobiert, geprüft, immer wieder variabel eingesetzt und ausgetestet habe. Try and error – das war meine Maxime. Und wenn ich von Gesetzmäßigkeiten spreche, dann aus folgenden Gründen: Kontakte werden nicht wahllos gesammelt. Hier geht es nicht darum, durch die Vita oder das Profil eines anderen auf dessen Page bei den genannten Netzwerken zu rauschen und dann hier und da eine „Freundschaftsanfrage“ zu versenden. Nach dem Motto: „Der oder die könnte mir ja mal nützlich sein!“. Nein, das hat mit Kontaktaufbau nichts zu tun und mit Netzwerken erst recht nicht. Vielmehr müssen Kontakte mit Vitalität, Nähe, Ehrlichkeit, gegenseitigem Interesse, Kommunikation, Austausch, Freude am anderen, Aufgeschlossenheit und ebenso mit Demut und Respekt kreiert und entsprechend gewürdigt und gepflegt werden. Nur so kann und wird aus ihnen der besagte Schatz bzw. das Gold unserer Zeit. Alle Welt spricht davon, wie wertvoll Daten sind. Big Data ist in aller Munde – also die Kontakte per se und ihre geschäftliche sowie finanzielle Verwertbarkeit. Ich aber sage deshalb: Zuerst kommt immer noch „Big Contact“, weil erst aus „Big Contact“ wird am Ende schließlich in unserem Business „Big Data“.

„Einfach gesagt“, wirst Du jetzt vielleicht denken. Ja und Nein, denn mit diesem Buch werde ich Dir nicht nur den Namen unserer

Branche erläutern – nämlich Network-Marketing – und warum sie diesen Namen trägt, den sie trägt. Zudem werde ich Dir darlegen und erklären, wie Du ein Netzwerk aufbaust, welche Skills dazu eine Voraussetzung darstellen, wie Du sie erlangst, was zu beachten ist, damit auch Du den Turbo in unserem Business einschalten kannst – the Power of Network!

Und ja – auch der Spaß muss immer mit dabei sein. Denn nichts geht ohne ihn. Spaß ist eine bis heute oftmals unterschätzte Energiequelle. Wer Spaß an etwas hat, der geht mit Herzblut und voller Motivation ans Werk. Und dementsprechend wird auch das Ergebnis sein. Freude am Erfolg ist gut und schön, aber die Freude auf dem Weg dahin und damit der Spaß an allem, was getan werden muss, um diese Erfolgsfreude zu erleben, die ist von entscheidender Wichtigkeit. Mir war der Entertainment- und Unterhaltungsfaktor eigentlich schon immer bewusst. Denn an der Freude etwas zu tun, schöpfe ich immer mit die größte Motivation. Das ist die reinste Energie des Schaffens, des Machens und des Umsetzens. Yes, let's do it with a smile! Take the happy way!

Schon als Kind habe ich mir deshalb mein Publikum geholt. Ich erinnere mich, als ich im Biergarten, den ich mit meinen Eltern besuchte, mir mal das Mikrofon schnappte. Ich war etwa sechs oder sieben Jahre alt. Da war eine kleine Bühne aufgebaut, weil abends in diesem Biergarten ein Fest steigen sollte. Und was tat ich? „Klein-Andreas“ flitzte durch die Stuhlreihen umher Richtung Bühne. Da sah ich es – das Mikrofon, das einfach nach dem ersten Soundcheck so da lag. Fast wie von Geisterhand geführt, hörte ich es irgendwie leise rufen: „Nimm' mich! Nutz mich' …!“ Und so ergriff ich erst meine Chance, dann das Mikro. Ich kletterte auf die Bühne und gab einen Song, der mir gerade einfiel, zum Besten und ließ sogar noch ein paar Sprüche, die ich mal irgendwo aufgeschnappt hatte, los. Was passierte? Die Leute flippten aus vor Lachen und Freude, weil so ein kleiner Bursche da vorn auf der Bühne den Entertainer spielte. Der Beifall, das Lachen, die freudigen Gesichter – niemals werde ich diesen Augenblick vergessen und auch nicht die in der Luft liegende Magie für mich. Denn ich erkannte schlagartig die Macht der Unterhaltung und fühlte, welche Wellen der Sympathie zu mir aus dem zugegeben noch etwas spärlichen Publikum zurückflossen. Eine Impression, die mich bis heute nie wieder losgelassen hat. Wie heißt es so schön? „Feel the spirit“ – oh ja, diesen Spirit, nämlich diesen ganz besonderen, außergewöhnlichen Geist habe ich damals gefühlt und fühle ihn heute noch in mir.

Dieses unbeschreiblich schöne Gefühl unterhaltsam zu sein, habe ich beispielsweise auch initiiert und genossen, als ich auf dem Campingplatz als Kind in den Ferien mit meinen Eltern Muscheln verkauft habe. Ganz normale, herkömmliche Muscheln vom Strand. Nichts besonderes, aber ich habe daraus halt etwas Besonderes gemacht. Wie? Indem ich eine Story – oder vielleicht waren es auch mehrere – drumherum gebaut habe. Meine „Kunden“ haben mich dafür ein Stück weit gefeiert und mit ein paar Mark (damals gab es noch D-Mark statt Euro) fürstlich belohnt. Du siehst also, den Entertainment-Faktor habe ich zu schätzen gewusst, weil ich spürte und wusste, wie wichtig und wertvoll er ist.

Wie gesagt: Das hat sich bis heute nicht geändert. Ganz im Gegenteil. Heute, wo das Leben für viele anonym ist, oder immer anonymer wird, wo man zwar Social Media hat, aber das reale soziale Leben immer weniger und dünner wird, wo Menschen sich in sich zurückziehen, manchmal auch das Gefühl haben, von Anforderungen und Herausforderungen erdrückt zu werden, da ist Entertainment das wichtigste Ventil, um ein Lachen auf das Gesicht von anderen zu zaubern. Auch, um ihnen das Herz leicht zu machen und ihre Stimmung positiv nach oben zu treiben. Mal ganz ehrlich: Wer glaubt denn wirklich, dass ein Lachen, dass der Spaß immer die Seriosität und die Ernsthaftigkeit zunichte macht? Das eine schließt das andere doch nicht aus. Und Lachen ist zudem mehr als gesund. Kein Witz: Beim Lachen betreibt der Körper Hochleistungssport: Vom Gesicht bis zum Bauch sind beim Lachen fast 300 verschiedene Muskeln beteiligt. Allein der „Lachmuskel", der Zygomaticus, spannt 15 Gesichtsmuskeln an, darunter die des Tränensacks, so dass wir eben Tränen lachen können. Aber: Du brauchst etwa 54 Muskeln, um ein böses Gesicht zu machen, jedoch nur 43 Muskeln, um zu lächeln. Noch Fragen?

Wie alles im Leben benötigt ein Pol auch einen Gegenpol. Kein Ying ohne Yang! Kein Entertainment ohne den akademischen, wissenschaftlichen und analytischen Gegenpart. Beide Seiten sind in mir vereint. Denn ich bin ebenso durch mein Studium akademisch geprägt, gehe strukturiert an Aufgaben und Herausforderungen heran und fundamental in die Tiefe, um meinen Ansprüchen selber zu genügen. Können, Wissen, Wollen – Begrifflichkeiten, die beim Entertainment-Faktor eine entsprechende Rolle spielen. Dieses in mir ruhende Gleichgewicht weiß ich sehr zu schätzen. Denn mir ist bewusst, was ich kann, ich weiß aber auch, was ich nicht kann. Insofern habe ich mich selber kennengelernt und ruhe in mir, bin regelrecht befreit, was mir eine positive Gelassenheit beschert. Was wiederum umso schöner ist, weil ich nach diversen Stationen, von denen ich Dir gleich noch berichten werde, jetzt nicht nur einen Job oder einen

Beruf gefunden habe, sondern wirklich im Network-Marketing eine regelrechte Berufung erleben darf. Eine, die mich erfüllt und die ich ausfülle und die mir die Möglichkeit gewährt, ein Leben zu leben, das ich immer leben wollte. Du siehst also, es sind viele Faktoren, die mich legitimieren, Dir den einen oder anderen hoffentlich hilfreichen Ratschlag zu geben bzw. geben zu dürfen. Jedoch Du allein entscheidest, ob Du diesen Support annimmst und für Dich umsetzt. Denn Du allein hast die Freiheit …

Ganz ehrlich: Unsere Zeit hier auf Erden ist sehr begrenzt. Für diese Erkenntnis muss man kein Philosoph sein, aber man sollte durchaus die Demut entstehen lassen, sich dieser Realität immer mal wieder bewusst zu werden. Ich jedenfalls tue dies und habe für mich daher auch den Entschluss gefasst: Wenn meine Zeit hier so begrenzt ist, dann will ich sie auf alle Fälle maximal schön gestalten, optimal nutzen und auf dieser Reise viele Leute an meiner Seite mitnehmen, dass ich einen positiven Fußabdruck durch mein Dasein hinterlasse und man später von mir einmal guten Gewissens sagen kann: Der war wirklich in Ordnung, ein guter Typ, von dem ich etwas gelernt habe und ich bin froh, ihn gekannt zu haben bzw. ein Stück des Weges mit ihm gemeinsam gegangen zu sein, denn er hat auch mich in so mancher Hinsicht weitergebracht oder positiv beeinflusst …

In diesem Zusammenhang denke ich an eine Begebenheit, die meine Lebenseinstellung stark beeinflusst und geprägt hat: Mein Vater und ich sind in einem Schützenverein, weil wir beide Sportschützen sind und diesen Sport, bei dem es um Entspannung, einen ruhigen Puls, um Fokussierung und Konzentration geht, daher sehr zu schätzen wissen. Vor einigen Jahren verstarb der Präsident des Vereins und es war für meinen Vater und mich selbstverständlich, dass wir seiner

Beerdigung beiwohnten. Eine unschöne Begebenheit, aber sie gehört mit dem Tod zum Leben dazu. Das eigentlich Bemerkenswerte aber war: Als wir zur Beisetzungsfeier ankamen, waren dort schon Tausende von Menschen versammelt. Ich hatte das Gefühl, dass der ganze Friedhof voller Trauergäste war und konnte es nicht fassen, wie viele Menschen zu der Beerdigung dieses Vereinspräsidenten, den ich selber gar nicht so gut kannte, erschienen waren. Doch in mir stieg zunehmend eine Frage auf: Was ist das für ein Mensch gewesen? Was hat ihn so werthaltig gemacht? Welche Eindrücke muss er Hinterlassen haben und welch Lebensfreude hat dieser Mensch zu seinen Lebzeiten in der Welt oder zumindest in seinem Umfeld verteilt, dass so viele heute von ihm Abschied nehmen wollen? Wie großartig muss er gewirkt haben, dass diese große Anzahl Menschen an seiner Beerdigung teilnehmen wollen? Und da beschloss ich fast im gleichen Gedankengang: „Ich will so ein Mensch werden, dass am Ende viele andere von mir sagen, dass ich ihnen unfassbar viel Gutes und Sinnhaftes gegeben habe. Mein Leben soll eine gewisse Form von Anziehungs-Energie ausstrahlen und am liebsten auch für andere Inspiration sein!

Im Nachhinein habe ich übrigens die Frage aufgeklärt, warum dieser besagte Mann von so vielen anderen geschätzt, wenn nicht sogar verehrt worden war: Weil er einfach ein Mensch mit einem riesengroßen Herz war. Geprägt von Ehrlichkeit und Verlässlichkeit, wobei er stets das ernsthafte Interesse an dem Menschen gegenüber besaß. Eine Fähigkeit und Tugend, die heute mehr und mehr droht in Oberflächlichkeit verloren zu gehen und die damit umso wertvoller erscheint. Er war interessiert daran, das reale Ich von anderen kennenzulernen, vielleicht auch, um ihnen dann effektiv weiterhelfen zu können, ohne im gleichen Maße davon wiederum partizipieren zu müssen. Er befand sich primär in der Geberrolle, und genau das ist für mich vorbildhaft. Eine Einstellung, der ich gerne nacheifere. Eine Mentalität, die seine DNA war und die meine mehr und mehr werden soll, weil sie dem einzelnen Leben hochwertigen Gehalt verleiht und es mit Verantwortung erfüllt, was wiederum ein wichtiger Baustein ist, um sein eigenes Leben ein Stück weit glücklich nennen zu dürfen.

Apropos „glückliches Leben“: Ich bin als Kind in den ersten Jahren sehr behütet im „Münchner Outback“ aufgewachsen. Hört sich gut an, oder? Ja, denn um ehrlich zu sein: Um meine Familie und mich herum gab es eigentlich nur „viel Gegend“ und viele Kühe. Diese gemütlich grasenden Rindviecher, deren behäbige Gelassenheit beinahe ansteckend ist. Ansonsten war um mein Zuhause herum halt sehr viel menschenleere ländliche Idylle. Kein Wunder also, dass meine zwei Jahre jüngere Schwester auch meine innigste Bezugsperson war – und es bis heute ist. Sie ist nämlich auch heute ein ebenso wertvolles wie wichtiges Element in meinem Leben. Zwischen uns herrscht eine wirklich innige und aufrichtige Beziehung, ein festes Band, auf das wir beide immer zählen können. Sicherlich hat dazu auch die spätere Trennung meiner Eltern beigetragen, was meine Schwester und mich im Gegenzug wiederum noch enger und stärker zusammengeschweißt hat. So ein Ereignis ist für Kinder niemals leicht zu verkraften. Wahrscheinlich ein wichtiger Grund, dass ich heute mein Leben sehr bewusst lebe, auch vor dem Hintergrund, vieles eben nicht als Selbstverständlichkeit hinzunehmen, sondern wertschätzend jeden Tag erlebe, aufmerksam bin und mich auch an vermeintlichen Kleinigkeiten erfreue. Und ich bin zudem überaus glücklich sagen zu können, dass ich trotz Scheidung heute zu meinen beiden Elternteil ein sehr gutes, liebevolles Verhältnis habe, weil ich es geschafft habe, aus voller Überzeugung und von Herzen heraus zu verzeihen. Was sich vielleicht einfach liest oder anhört, ist aber in Wahrheit ein mentaler Kraftakt, weil bei der Trennung der Eltern schon etwas im Innersten eines Kindes kaputt geht, ein Stück der kleinen Kinderseele bekommt einen Knacks und das tut verdammt weh. Diesen Schmerz habe ich verziehen und weiß daher zugleich, welche Kraft im Verzeihen liegt und wie frei es macht. Auch frei für neue Wege und für die Chance auf ein neues Glück.

In dieser für mich eher schmerzlichen Zeit habe ich jedoch ein Ventil für mich entdeckt. Fußball! Im Alter von sieben Jahren ein beinahe ideales Tool, um regelrecht Dampf abzulassen. Aber aus diesem anfangs primären Verwendungszweck erwuchs etwas Neues, etwas Großartiges, nämlich die Liebe zu diesem Sport. Fußball war meine Welt – und meine erste große Liebe. Eine, in der ich lebte, in der ich zuhause war und in der ich unbekümmert ganz ich selbst sein konnte. Dieses Spiel, dieser Sport war weitaus mehr als nur eine Freizeitbeschäftigung oder eine Möglichkeit, sich als Junge auszutoben. Ich habe Fußball nicht gelebt, ich habe diese eigene Atmosphäre inhaliert, ja, nahezu gierig aufgesogen und habe mich in diese faszinierende Welt hineingeträumt. Wenn ich auf der Straße kickte, wie man das damals als sogenannter Straßenfußballer halt so machte, dann drehte ich meinen Phantasie-Level voll bis zum Anschlag auf. Eine Fähigkeit, die ich mir ebenfalls bis heute bewahrt habe und noch weiter für mich perfektioniert habe. Wieso, wirst Du noch erfahren. Fußball war anfangs eine Flucht aus der realen, aber für mich auch irgendwie zu harten Realität. Daher schaffte ich mir dieses Dasein in der Phantasie. Das war meine Art Dinge zu verarbeiten. Wie meine Traumwelt aussah? Beispielsweise spielte ich eine Weltmeisterschaft nach, legte mir handschriftlich eigene Tabellen an und ich sammelte leidenschaftlich „Panini-Bilder". Kennst Du noch diese Sammelfotos der Spieler aus aller Welt? Doch damit nicht genug – das Sammeln allein reichte mir nicht aus. Nein, ich besaß doch tatsächlich den Anspruch an mich selbst, jeden einzelnen Spieler zu kennen. Nicht nur mit Namen, sondern komplett mit all seinen auf den Bildern verzeichneten Daten und Merkmalen. Wahnsinn, oder? Und glaubt mir bitte, ich hatte es drauf – von Paraguay über Costa Rica bis nach Kamerun und zurück nach Australien, ich kannte wahrhaftig jeden einzelnen Fußballer in- und auswendig, wusste alles über jeden. Ich war so fit in diesem Bereich, dass ich mich damals sogar bei Thomas Gottschalk und „Wetten, dass …" beworben hatte. Meine Wette lautete: Ich erkenne alle Fußballer der Welt auf den Panini-Bildern der letzten zehn Jahre anhand von seinen Daten und umgekehrt. Ich konnte aber auch zu jedem Spieler all dessen Werte, Maße und Daten von der Rückennummer bis zur Spielposition aufsagen. Verrückt, oder? Aber so war ich. Ein „Master of Panini"! Fußball war mein Leben, meine Welt und mein ein und alles.

Wenn ich raus auf die Straße zum Kicken ging, dann war das auch mein eigenes Stadion. Wehte der Wind durch die Bäume um mich herum und die Blätter fingen an zu tanzen, oder die Baumwipfel wogen leicht hin und her, dann war das für mich die perfekte La-Ola-Welle. Fehlte eigentlich nur noch der laute Fan-Gesang mit der Hymne: „Football's coming home ..." Schoss ich Tore, jubelte ich, ließ mich feiern und schlug mich mit einem Baum am Straßenrand ab. Hätte das jemand damals gefilmt, der hätte mich wirklich für nicht ganz „fresh" gehalten. Fußball gab mir aber das gute Gefühl, dass ich gesehen werde. Hier konnte ich performen und stand im Mittelpunkt. Auch, weil ich es durch mein Können am Ball schaffte, dass mich andere gern als Mitspieler haben wollten. Ich spürte Begehrlichkeit an mir und meiner Person, eine wunderbare Wertschätzung. Wurden in der Schule Mannschaften gewählt, dann wurde ich mit als Erster ausgewählt. Natürlich fand ich das grandios und diese Tatsache stärkte mein Selbstvertrauen enorm. Ich war beliebt, man wollte mich, weil man mich und meine Leistung, mein Können anerkannte und sogar ein Stück weit brauchte.

Mein Vater kaufte mir das nötige Equipment, so dass ich auf dem Platz eine noch bessere Figur machen konnte und fortan arbeitete ich mich mit Fleiß, Hingabe, Training und Ausdauer immer weiter hoch, um besser und besser zu werden. Denn mein Berufswunsch wurde immer deutlicher. Profifußballer wollte ich werden – was sonst? Aufwärts ging es mit mir fußballerisch über die Jahre hinweg, hoch bis in die A-Jugend. Aber ich wollte mehr. Und weil ich ein echtes Arbeitstier bin und war, trainierte ich, wann und wo immer es ging. Dies aber ebenso mit Passion und Hingabe, meist fünf Tage in der Woche. Dazu kamen die Spiele mit der Mannschaft und nebenbei musste ich ja auch die Schule mit samt ihren Herausforderungen meistern. Da half halt nur Engagement, Fleiß und Arbeit. Außerdem spüre ich mit zunehmendem Alter, dass die Chance immer realistischer wurde, dass ich es wirklich wahr machen und den Sprung zum Profi-Fußballer schaffen könnte. Also setzte ich in Sachen Training noch einen drauf. Meine fußballerischen Vorteile als Linksfuß lagen auf der linken Außenbahn, wo ich hinten und vorn gleichermaßen einsetzbar war. Ich konnte ein Spiel lesen, hatte oftmals den einen aber entscheidenden Trick und Schlenzer mehr drauf. Am liebsten nahm ich den Ball an und spurtete in Richtung gegnerische Grundlinie, ein bisschen so, wie es von den Ex-Fußballstars von Bayern München, Arjen Robben oder Franck Ribery, so häufig bewundernswert praktiziert wurde. Kein Wunder also, dass ich entsprechend heftig wie sie auf die Knochen bekam und dass ich daher immer wieder mal verletzt war. Meine Spielweise lud ja die Gegner beinahe dazu ein. Aber egal, wer mit soviel Herzblut und Hingabe seinen Sport betreibt wie ich, der kann auch mit solchen Blessuren leben. Der Spaß und die Freude waren es, die doch im erheblichen Maße überwogen.

Dazu kam das Team, von dem ich ein Teil sein durfte. Schon damals fühlte ich mich in so einer Mannschaft irgendwie regelrecht geborgen, war aber zugleich auch stolz Mitglied, Säule, Stütze und Verantwortungsträger meines Teams sein zu dürfen. Ich war dabei Gleicher unter Gleichen und damit **T**eil **E**iner **A**ußergewöhnlichen **M**annschaft – also eines perfekten **TEAM**s und wie man ein solches eben definiert. Umso überraschter war ich, als eines Tages unser Trainer zu mir kam und mir verkündete, mich zum Kapitän der Gemeinschaft machen zu wollen. Ich weiß gar nicht mehr, ob ich eher überrascht, oder vor Überraschung sprachlos, oder doch vielmehr vor Stolz übermannt war. Egal, wenn es eine Steigerung von Stolz gäbe, dann hätte es dieser Moment in meinem Leben verdient, so bezeichnet zu werden. Und das galt auch, als ich diese besondere Binde, nämlich die Kapitänsbinde, am Arm tragen durfte. Ich fühlte mich so geehrt, war so erfüllt von einem gigantischen Wertgefühl, aber gleichsam von Anerkennung, Achtung, Ansehen und Glück, dass ich diese Binde fast gar nicht mehr abnehmen wollte. Ja, selbst beim Schlafen trug ich sie anfangs, was beweist, wie viel mir dieses Abzeichen bedeutete. Ja, ich habe das Kapitäns-Dasein wirklich intensiv gelebt und erlebt, bin in dieser Ehre und dem Stolz quasi aufgegangen. Mehr noch – ich beschäftigte mich eingehend mit den damit verbundenen Aufgaben. Denn ich wollte dieses Amt voll ausfüllen, wollte es perfekt machen und damit meinen inneren Stolz mit den anderen teilen, damit sie wiederum happy mit der auf mich gefallenen Wahl sein konnten. Also sprach ich auch meinen Trainer an, um mich zu erkundigen, was insbesondere er von mir als Kapitän erwarten würde. Schnell wurde ich mir der Verantwortung bewusst, was wiederum zugleich meine Freude daran förderte. Mir hat es einfach Spaß gemacht, diese Verantwortung für mich und ebenso für andere zu tragen – also nicht für mich allein, sondern gleichfalls auch für die anderen zehn. Ebenso liebte ich es, auf dem Spielfeld eine entsprechende Rolle auszufüllen, indem ich Führungsarbeit leistete – für uns alle, nach außen und somit auf dem Platz, was in gewisser Art und Weise zugleich spielentscheidend zu sein. Das ging ja schon am Anfang eines Spiels damit los, welche Seite bei der Seitenwahl auserkoren wurde. Münze werfen, und dann ein kurzes Feedback mit dem Torwart, um unter anderem den Vorteil beim Sonnenstand auszunutzen. „Lass uns die erste Halbzeit in die Richtung spielen, damit in der zweiten uns die untergehende Sonne nicht zu sehr blendet, okay?", lautete beispielsweise eine kurze Rücksprache mit ihm. Du siehst also, welche Verantwortung als Kapitän mir damals in den Händen lag – und ich war mir dieser überaus bewusst. Rückblickend kann ich resümierend behaupten: Das war exakt die Zeit, als ich mein Führungstalent entdeckte und in mir der Leader erweckt wurde. Also den Spaß daran zu haben, etwas nicht nur für sich allein zu machen, sondern die Freude an der Übernahme von Verantwortung – zu guter Letzt auch für andere. **Verantwortung ist keine Bürde. Sie ist vielmehr ein großer Vertrauensbeweis anderer und ist ebenso eine Ehre, der man sich bewusst sein sollte.**

„Trust yourself, then life will trust you!" Da hatte Benjamin Franklin, der große Staatsmann und einer der Gründerväter der

USA, wirklich recht, als er diese weisen Worte sagte. Denn genau das habe ich beim Fußball gespürt und darf deshalb heute auch sagen, dass ich von diesem Mannschaftssport sehr viel gelernt habe. Immer wieder werde ich auf mein Arbeitspensum heutzutage angesprochen. Manchen erscheint das viel, anderen sogar sehr viel. Ja, ich arbeite gern und viel – warum? Weil ich Sportler bin, Wettkampfsportler und immer gern alles gebe. Bei mir geht und ging es immer ums Trainieren. Früher war es Fußball und heute Triathlon. Eine Wahnsinns-Herausforderung. Die ich hungrig annehme, weil ich nämlich auch nicht verstanden habe, dass wohl eine Sportart alleine für mich nicht mehr hart genug ist. Es ist nicht genug, ein guter Schwimmer zu sein, es ist nicht genug, ein guter Radfahrer zu sein... und natürlich ist es nicht genug, ein guter Läufer zu sein. Wie im Network-Business – Top-Allrounder sind gefragt, und dennoch gilt es, dabei jede einzelne Disziplin zu beherrschen. Auf geht's. Das Abenteuer beginnt bekanntlich, wo Pläne enden. Ich bin bereit! Also „Go for it!"

Niemand muss mir sagen, das Erfolg auf Glück basiert. Nein, das hat mit Glück rein gar nichts zu tun. Erfolg ist das Resultat, welches aus Arbeit entsteht. **„Success is nothing but hard work!"** Wer glaubt denn, dass beispielsweise Lionel Messi oder Christiano Ronaldo aus purem Glück die besten Fußballer der Welt sind? Ist denen das Können in den Schoß gefallen? Hat der Liebe Gott mit dem Finger geschnippt und es war so? Nein, war es nicht. Sie haben verdammt hart für ihren Erfolg und für ihr Können gearbeitet. Haben sich geschunden und gequält. Wenn das Spiel zu Ende ist und das Flutlicht ausgeht, dann fahren sie nämlich eben nicht nach Hause, sondern drehen im Stadium die eine aber entscheidende Extrarunde mehr. Diese beiden einzigartigen Spieler sind in Sachen Arbeit Vorbild.

Sie absolvieren nicht nur das Training, sie leben es, sie geben alles und wenn andere in die Kabine gehen, üben Sie 100 Freistöße noch einmal on top. Das macht ihre Klasse aus, das ist das Resultat, was sich als Können, als Kompetenz nach außen hin darstellt. Das hat doch nichts mit Glück zu tun, oder wie würdest Du das beurteilen?

Es gab aber noch ein Erlebnis, was für mich essenziell war und das mit dem Fußball in Zusammenhang steht: Keine Frage, ich hätte damals 20 Stunden lang auf dem Feld stehen können, denn ich liebte Fußball mit voller Hingabe. Aber Einsatz und Wille allein genügen noch nicht. Ich spürte es, dass man für den Erfolg bestimmte Dinge richtig machen muss, und zwar richtig richtig. Ja, eigentlich wäre „perfekt" hier das passende Wort. Um dieses ambitionierte Ziel zu erreichen, erkannte ich eine weitere Notwendigkeit:
Man muss Dinge oft genug wiederholen, um sie irgendwann richtig oder gar perfekt machen zu können. Und ich setze noch einen auf der Dringlichkeitsskala oben drauf: **Man muss sie auch genau an der Stelle, zu dem Zeitpunkt abrufen können, wenn man sie braucht.** Hört sich logisch an, ist es auch, aber für einen jungen Menschen wie mich damals war das eine große, weitsichtige Erkenntnis. Doch die hatte Folgen. Denn ich machte mich daran, meine neu gewonnene Einsicht in die Realität umzusetzen. Und zwar indem ich meinem damaligen Fußball-Idol ein Stück weit mehr nacheiferte – David Beckham. Dieser begnadete englische Fußballer, der im rechten Mittelfeld mit seinen Pässen und Flanken Dreh- und Angelpunkt eines Spiels war und ihm mit seinem Können, den entscheidenden Moment verleihen konnte. Glaube mir bitte, ich habe mir alles, was ich bekommen konnte, von ihm angesehen, wirklich alles. Ich habe David Beckham studiert, habe seine Videos unzählige Male angesehen, noch mal und noch mal. Wieder

zurückspulen, Play drücken – und noch einmal ansehen. Zurückspulen, Play drücken und wieder genau hinsehen, zurückspulen ... Immer und immer wieder, dabei schaute ich ihm auf die Fußhaltung, wie er den Ball trat, wie er ihn platzierte, ihn führte, wie er beim Freistoß zum Ball stand, welche Körperhaltung er einnahm, worauf sein Blick gerichtet wurde, wie er anlief – ich wurde in diesen Augenblicken der kleine David Beckham aus dem Münchener Outback. Ich wollte exakt das Können, was dieser Superstar des Fußballs konnte. Also übte ich. Ich trainierte wie verrückt, trat einen Freistoß nach dem nächsten. Dabei analysierte ich immer wieder, wie ich den Ball trete, wie ich ihm den nötigen Drall verleihe, ihm die entsprechend gewünschte Flugkurve gebe ... wie, wie, wie. Wie oft ich die Flanken und Freistöße getreten habe? Ich kann es beim besten Willen nicht mehr sagen, aber einige tausend Male bestimmt, immer und immer wieder. Ich habe mir sogar aus Pappe eine Mauer-Attrappe gebaut, um den Ball entsprechend um diese herum zu zirkeln – ganz so wie es David Beckham so begnadet konnte. Und ich wurde immer besser. Das Training zahlte sich aus. Meine Technik wurde zunehmend ausgereifter, bis ich das, was ich so hart trainiert hatte, auch wirklich beherrschte. Das dies so war, zeigte sich in einem Spiel, wo es um Abstieg oder Verbleib meines Vereins TSV Grünwald in der Liga ging. Es war der vorletzte Spieltag. Steigen wir ab oder nicht – das war die alles entscheidende Frage? Wir alle wussten, es ging um die Wurst, um Hopp oder Topp. Heute oder nie? Beim Stand von 1:1 wären wir abgestiegen, ein Sieg musste her. Ja, wir rannten an, gaben alles, spielten jeden erdenklichen Ball aufs Tor, aber die ersehnte Führung, das 2:1, das uns in der Liga gehalten hätte, wollte und wollte nicht fallen. Es war zum verzweifeln. Das Tor der gegnerischen Mannschaft war wie zugenagelt und verbrettert. Dann die 82. Spielminute. Freistoß - für uns. Der Ball lag da, bereit getreten zu werden. Entfernung zum Tor? Knapp 30 Meter. Und ich wusste: Jetzt zählt's! Jetzt geht es darum, das, was ich so verbissen hart trainiert hatte, umzusetzen. Und zwar zu einem Zeitpunkt, wo kein Fehler mehr erlaubt ist. Tief in meinem Inneren wusste ich, dass ich es kann. Komme, was wolle, ich hau diese Kugel jetzt ins Netz, sagte ich zu mir selbst. Meine innere Stimme machte mir Mut, sagte mir: „Du packst das, Andreas. So, wie Du es schon im Training so oft geschafft hast!" Und mein Ich hatte recht: Anlauf, die gewohnte Bewegung machen, Schuss – und Tor. Der Ball zappelte im Netz. Endlich stand es 2:1 – ein Ergebnis, das wir über die Zeit gerettet haben und ein Siegtor, das uns den Verbleib in der Liga sicherte. Wir sind nicht abgestiegen! Für mich war dieses Tor ein Moment für die Ewigkeit. Nicht nur wegen des Sieges und des Nicht-Abstiegs, sondern vielmehr, weil mir bewusst wurde, wie sehr sich Training auszahlt. Ein Erkenntnis, die ich bis heute geradezu predige: **„Wenn Du Dinge richtig gut machen willst, dann musst Du sie trainieren. Immer und immer wieder, um so gut wie nur irgendwie möglich zu sein!"**

Nur, wenn Du etwas kannst, wenn Du es beherrschst, dann kannst Du es auch zu dem Zeitpunkt abrufen, wenn Du Dein Können benötigst. **Denn nur wenn Du es kannst und willst, dann kannst Du es auch tun!** Es geht darum die Gewissheit zu verinnerlichen: Ich habe das 1.000 Mal gemacht, selbstverständlich setze ich das jetzt um – und zwar genauso perfekt wie im Training. Mit diesem Bewusstsein um das eigene Können, wächst auch das Selbstvertrauen und der innere Glaube an Dich selbst. Außerdem fokussierst Du Dich durch das Training und durch Dein Können auf den positiven Moment: Ich schaffe das jetzt, weil ich das schon unzählige Male geschafft habe. Ich kann es! Diese Gewissheit trägt Dich. Mir hat diese

„hard working passion“ mehr als gut getan, diese Leidenschaft auf dem Weg zur Perfektion. Fest steht: **Du musst die richtigen Dinge richtig und oft genug richtig tun!** Erst das formt das wahre Momentum, um bereit zu sein für den einen Augenblick, damit Du an dem Punkt, wo Du abliefern musst, dem Versagen keine Chance gibst, sondern Dein Wissen und Können ziel- und zeitgerecht abzurufen.

Das macht den kleinen, aber feinen Unterschied aus. Wenn Menschen, auf welchen Feldern und Gebieten auch immer, versagen, dann liegt das häufig daran, dass Sie sich nicht vorbereitet haben auf den alles entscheidenden Moment. Sie bereiten sich eben nicht darauf vor, irgendwann Dinge abzurufen, die sie eigentlich können, wenn sie diese benötigen. Aber was nützt es Dir, etwas zu können, wenn Du dieses Know-how nicht dann einsetzen kannst, wenn Du es dringend benötigst? Das ist beinahe brotlose Kunst. Du musst Dich entscheiden: Willst Du Trainingsweltmeister sein oder Sieger im wichtigsten Moment Deines Lebens? Es gibt da draußen so viele fleißige, talentierte Sportler, die das Zeug dazu hätten, wirklich große Erfolge zu erzielen, Aber sie werden es niemals schaffen. Sie werden stets die begnadeten Talente bleiben. Warum? Weil Sie es nicht hinbekommen ihr Können, ihre Fähigkeiten genau dann anzuwenden und einzusetzen, wenn es drauf ankommt. Und weil sie im Wettkampfmodus ihr wirkliches Leistungspotenzial nicht abrufen können. Es reicht nicht aus, dass Du weißt, Du könntest es eigentlich, aber ... Genau das „aber“ macht Dir einen Strich durch Deine Erfolgsrechnung. Denn es steht für den „verpassten Moment“. Das heißt: Zu Deinem Wissen gehört auch die Gewissheit, diese bestimmte Kompetenz jederzeit quasi aus dem Stand abrufen zu können. **Du musst den Lichtschalter dann einschalten können, wenn**

Du Licht brauchst! Sei stets bereit für Deinen Moment, für den, wo es drauf ankommt!

Um diese Herausforderung aber zu meistern, brauchst Du Dich nur Deiner eigenen Phantasie zu bedienen. Das ist der berühmte „Casus knacktus". Fast ein Stück weit eine Selbstüberlistung! Denn ich hatte mir damals in meiner Fußballwelt vorgestellt, ich wäre wirklich David Beckham. Ein mentaler Trick, der mir bis heute extrem geholfen hat und immer wieder hilft. In dieser faszinierenden Rolle trat ich einen Ball nach dem nächsten. Doch damit nicht genug. In mir keimte das Feeling auf, das ganz viele Zuschauer auf den Rängen saßen, mir zuschauten, mich anfeuerten. Zeitgleich hörte ich den imaginären Kommentator ins Mikrofon sprechen – er sprach zu mir: „Jetzt oder nie! Es geht um alles, um die Weltmeisterschaft. Hau die Kugel rein! Mach es und Du bist der Held …!"

Genau diese Situation trainierst Du, indem Du Dich innerlich umstellst auf Wettkampfmodus – auch wenn es „nur" Training ist. Du lebst diese Situation, du lebst in diesem Moment, bist mittendrin und nicht außen vor. Wird dieser Augenblick dann real, leibhaftig, ist die Situation in der Wirklichkeit da, dann hast Du ihr jegliche Überraschung und negative Folgen genommen. Denn Du hast dies alles vorher in Deiner Phantasie durchlebt und erfahren. Dein Gehirn kann ja nicht zwischen der realen Realität und zwischen dem, was Du Dir als Realität in Deiner Phantasie vorgestellt hast, unterscheiden. Ein wichtiger Grund, warum Du Dich heutzutage extrem positiv manipulieren und motivieren kannst – womit auch immer. Deiner Phantasie sind doch keine Grenzen gesetzt. Die Grenze bist höchstens Du selbst. Denn Du entscheidest, wie Deine Vorstellungskraft endet und wo sie Dich in eine neue, andere Welt zieht. Natürlich wusste ich das damals noch nicht, und dennoch habe ich es gemacht, habe so gehandelt. Auch, weil ich unbewusst Glaubenssätze trainiert und damit verinnerlicht habe. **Mein Glaubenssatz lautete: „Ich kann es! Ich schaffe es! Und erst recht, wenn es drauf ankommt!“**

Ob im Fußball oder auch in meiner heutigen Berufung im Network-Marketing: ich hatte und habe niemals Angst davor zu versagen! Denn ich wusste und weiß, dass ich das kann, was ich können muss, weil ich trainiert habe. Und ich weiß ebenso, dass ich mein Können genau dann anwenden kann, wenn ich es benötige! Wow, das gibt mir ein wirklich gutes Gefühl! Und ja, ich habe nicht immer jeden Elfmeter versenkt, nein, ich habe ihn auch manchmal verschossen. Aber zumindest habe ich die Verantwortung übernommen. Außerdem stand mir immer ein Torwart gegenüber, der vielleicht genau das Gegenteil von meinem Können trainiert hat – nämlich den Ball zu halten. Und auch er vertraute sich, seinem Können und konnte dies zum für ihn richtigen Zeitpunkt abrufen. Und nun? Was jetzt? Plötzlich treffen hier zwei „Könner“ aufeinander. Natürlich kann der Torwart meinen Ball halten. Hauptsache ist doch, dass ich ihn so perfekt wie im Training geschossen habe. Wir sind Menschen, keine Maschinen. Unser Leben und Wirken ist nicht vorhergeplant. Insofern spielte es nie eine Rolle, ob mein Vorhaben gelingen würde, oder ob ich immer als Sieger vom Platz gehe. Ich hatte aber hingegen anderen niemals Angst zu versagen!

Und es gibt noch ein positives Element, das ich mir aus dem Sport mit in meine heutige Welt genommen habe: den Rede- und Bühnenpräsenz-Faktor. Rampenlicht und das Frontman-Dasein – nein, das war früher eher nicht so meine Paraderolle und in ihr fühlte ich mich auch nicht wirklich so richtig wohl. Als großer Redner fühlte ich mich schon deshalb nicht, weil ich es niemals zuvor wirklich trainiert hatte. Warum auch? Die Notwendigkeit bestand bis zu einem gewissen neuen Lebensabschnitt bis dato ja gar nicht. Natürlich habe ich Verantwortung übernommen, und das auch wie gesagt sehr gerne, aber ich agierte deshalb nicht unentwegt im Vordergrund und musste der erste am Mikrofon sein. Mir fehlte dafür absolut der Erfahrungswert, wenngleich ich die erste Reihe niemals scheute oder gescheut hätte. Und dann kam ein Moment an dem sich viel veränderte und der mit meinem Network-Marketing-Dasein eng verbunden ist. Mein Partnerunternehmen führte ein gewaltig großes Event durch. Ich stand hinter der Bühne, denn ich sollte für eine geschäftlich sehr gute Performance geehrt werden. Etwas, was mir an unserem Network-Business außerordentlich gut gefällt: nämlich, dass sich Leistung lohnt und diese ebenso belohnt wird. Nicht nur monetär, sondern auch mit Lob und Ehre. Das ist eine großartige Wertschätzung von Menschen, die in unseren Zeiten auch in anderen Branchen nicht selbstverständlich ist. Dort geht es immer noch oftmals nach dem Motto zu: Nicht gemeckert ist gelobt genug! However – ich stand also hinter der Bühne, erwartete meine Auszeichnung. Mir war bewusst, dass draußen einige tausend Menschen saßen, die unter anderem auch auf mich warteten. Auf mich und meine Ansprache – auf Englisch. Ja, ich kann Englisch, aber können und können ist ein Unterschied, den ich bin kein Native Speaker. Und eine „english Speech“ zu halten vor so vielen Leuten auf einer Bühne im Spotlight, das ist halt doch noch ein etwas anderer Level. Keine Frage: Mein Herz pochte und pumpte. Mein Atem ging heftiger. Ja, ich war höllisch aufgeregt. Um mich herum gefühlt unzählig viele Leute, die an mir Hand anlegten. Da wurde noch einmal mit dem Puderschwämmchen getupft, der Kamm durch die Haare gezogen und das Mikrofon gerichtet. „Hand-Mikro oder Headset? Was hätten Sie gern, Herr Küffner?“, wurde ich gefragt. Ehrlich gesagt: Mir war das in diesem Moment sowas von egal. Ich wollte nur, dass ich meine Rede gut hinbekomme. Das war das einzige, was für mich zählte. Plötzlich schloss ich die Augen, verharrte innerlich. Konzentration! Und ich spürte, dass zwei Momente sich quasi gegenüberstanden. Der eine zeigte sich mir in einer imaginären Szene, dass ich komplett versagte, weil ich mich nicht auf diesen Moment vorbereitet habe. Dem stand der andere Moment gegenüber. In dem habe ich die Bühne gerockt, die Leute zum Jubeln gebracht und wirklich abgeliefert. Weil ich nämlich jetzt – konzentriert und noch hinter der Bühne befindlich – diese kommenden 15 Minuten im Detail in Gedanken komplett durchgehe und erlebe. Da war sie wieder – meine Phantasie. Auf sie kann und konnte ich mich immer verlassen. Sie hat mich bisher niemals im Stich gelassen, sondern hat mir vielmehr immer geholfen. Ich schloss also meine Augen und spielte meinen kommenden Bühnenauftritt mit englischer Rede eins zu eins durch. Ich sah die Maserung des Bodens, wusste in welcher Hand ich wie das Mikro halte, hörte mich meinen ersten Satz sagen und sah den Vorhang wehen. Bis in das kleinste Detail erlebte und durchlebte ich den Augenblick. Selbst die Mimik in den Gesichtern aus der ersten Reihe hatte ich in diesem Moment erkannt und leibhaftig vor dem geistigen Auge. Der Film lief in meinem Kopf in Originalgeschwindigkeit ab.

Jetzt war ich vorbereitet, denn ich wusste, was mich erwartet. Ja, ich rockte das Auditorium, brachte die Leute zum Toben. Und soll ich Dir etwas verraten? Es lief genau so, wie ich es vorher in meiner Traumwelt gesehen und erlebt hatte. Ich konnte mich wieder einmal auf meine Phantasie verlassen. Heute bin ich absolut davon überzeugt, dass, wenn ich die Dinge imaginär durcharbeite und bestenfalls auch paar mal wiederhole, sie dann auch nicht mehr schwer zu bewältigen sind, weil ich nämlich vorbereitet bin. Eine Technik, die mir mein eigenes Vertrauen in mich und mein Leistungsvermögen schenkt. Denn wenn ich mit der Realität konfrontiert werde, dann weiß ich, dass ich es ja schon einmal gemacht und durchlebt habe. Ich weiß, was auf mich zukommt, welche Herausforderungen sich mir stellen und wie ich sie zu meistern habe. Ich beherrsche die Situation, weil ich sie kenne!

Diese Erfahrung von damals hat mich gelehrt, dass ich vor nichts, was ich mir im Geiste vorstellen kann, mehr Angst haben muss. Heute bin ich an einem Punkt – aufgrund dieses Wissens –, dass ich von jetzt auf gleich vor 50.000 Menschen trete und zu ihnen über ein Thema X sprechen könnte. Einzige Voraussetzung: Ich würde kurz meine Augen schließen, würde in meine Ruhe kommen, ins innere Gleichgewicht, hätte größtes Vertrauen in mich und würde die Herausforderung meistern und abliefern. Ist das nicht crazy? Mich begeistert diese Erkenntnis immer wieder neu: Durch Deine eigenen Gedanken, Deine eigene Welt, die Du Dir kreierst, kannst Du Dir selber so viel zutrauen, dass Versagen gar keine Option mehr ist. Mehr noch: Du bist so in der Lage immer am Point of Sale abzurufen – und zwar immer dann, wenn Du es brauchst. Wie abgefahren ist das?

Was mich daran ebenso fasziniert ist die Tatsache dass ich diese Methodik oder Technik nicht von jemanden gelernt habe. Das hat ebenso wenig mit Talent oder gar mit Veranlagung zu tun. Ich hatte auch keinen Trainer oder Mentor, der mir diese Art Spiel mit der eigenen Phantasie gezeigt hat. Es ist nichts anderes als die pure Lebenserfahrung, das Resultat meiner Lebensführung. Ich bin sogar davon überzeugt, dass jeder, der dieses Wissen heute hat, oder der es nun durch das Lesen dieses Buches hier erfahren hat, in der Lage ist, es entsprechend umzusetzen. Unterm Strich transponiere ich meine Gedanken, meine Phantasiewelt in die Realität und lege sie wie eine Schablone auf den wirklichen Moment. Auf diese Art spule ich meinen eigenen Lebensfilm für einen kurzen Moment schon einmal vor und nehme dem Augenblick den Thrill, das Überraschungsmoment, was mich dann im Live-Erlebnis ungemein relaxed wirken lässt – weil ich nämlich auch relaxed bin!

DER WERT VOM EIGENEN WERT

Speziell im Network-Marketing-Business besteht ja für neu gesponserte Partner die Herausforderung, auf für sie ebenfalls neue, unbekannte, ungewohnte Situationen zu treffen. „Show the product, show the plan …" – hört sich gut an, aber wie denn? Wie sollen Menschen, die vorher noch nie im Vertrieb tätig gewesen waren, so etwas umsetzen? Bevor jemand Interesse an einem Produkt haben kann, muss mit ihm doch kommuniziert werden. Und genau damit haben viele andere Menschen wiederum ein Problem. Und zwar den Hörer, das Smartphone in die Hand zu nehmen, die Nummer zu wählen und dann dem anderen am anderen Ende der Leitung zu sagen: „Hallo, lass uns mal auf einen Kaffee treffen …!" Ein völlig harmloser Satz und eine ebenso einfache Angelegenheit. Ja, bis genau zu dem Moment, wo man es tun muss. Plötzlich wird diese Einfachheit extrem schwer, mutiert zu einer unglaublichen Herausforderung. Auf einmal fängt das bekannte Marketing-Motto der Experten „It's all about communication" an zu wanken wie eine Straßenlaterne im Wind. Aber genau diese auf einmal aufkeimende Angst ist leicht in den Griff zu bekommen, indem Du Dir die Situation vorher vorstellt und so der Herausforderung die Schwere nimmst. Exakt das trainiere ich auch mit meinem Team. Denn diese Technik lässt Dir mentale Flügel wachsen … Ich behaupte sogar, dass man es auf diese Weise schaffen kann, den Sprung vom „Average-Status" auf „extra-ordinary" zu meistern, von einer guten Performance hin zu einer sensationell guten. Warum? Weil solche trainierten „Dream-Professionals" gar nicht mehr anders können als wirklich abzuliefern – und zwar zum exakt richtigen Zeitpunkt. Ganz wichtig, diese Methode ist nahezu universell anwendbar. Egal, ob jemand irgendwo anruft, ob man sich mit jemand anderen – auch einem Unbekannten – trifft, oder ob man ein Produkt bzw. ein neues Business präsentiert. Es ist nämlich immer ausreichend viel Selbstvertrauen mit im Spiel, weil derjenige sich vorher mit der vermeintlich herausfordernden Situation mental vertraut gemacht hat. Wer so agiert, für den ist ein Einwand eben kein Einwand und ein Nein ist für so jemanden kein Nein. Er oder sie sind immer startklar und „ready for action", weil der Puls ruhig wird und man sich selbst in einen angenehmen Flow quasi hineinbalanciert. Und der Ablauf ist immer der gleiche – auch das muss man sich Stück für Stück immer mehr bewusst werden. Erst ist da die Aufgeregtheit, dann geht es darum, den Puls immer weiter runter zu bringen und zu guter Letzt ist man mittendrin in der Situation, es kommt sogar eine gewisse Behaglichkeit, ein Wohlgefühl auf und dann merkt derjenige: Ich bin angekommen, kann agieren und mein Ding voll durchziehen ... Das ist wie das Aufwärmen der Muskeln vor einem sportlichen Wettkampf. Locker machen, die Muskeln und Sehnen strecken und dann ist man bereit, um seine volle Leistung abzurufen.

Können, wollen, tun – das sind meine drei Essentials, die Guideline und die Basis meines Agierens. Es sind die drei Impulse, die für mich Erfolg und ein erfolgreiches Leben nach meiner Definition ausmachen und bestimmen. Aus heutiger Sicht und Eigen-Erkenntnis, würde ich sogar noch den Impuls „Sein" hinzufügen. Du musst heute schon etwas sein, um morgen etwas zu bekommen. Der alte Grundsatz „Fake it until you make it", ist in meinen Augen ein Stück weit antiquiert und überholt. Besser würde passen „Faith it until you make it!" Es geht darum, fest an Dich zu glauben, das eigene Schicksal zu bestimmen und es nicht bestimmen zu lassen. Das steht übrigens schon im erfolgreichsten Buch aller Zeiten: in der Bibel. Nämlich „Glauben versetzt Berge!" Dazu kann ich nur sagen: Stimmt! Denn damit einher geht Deine Ausstrahlung, die Aura Deiner Personality, Deine Attraktivität. Und davon steckt in jedem Menschen etwas – nur kommt es auf die Strahlkraft, auf die Größe dieser Attribute an. Wenn heute in meiner Downline neue Partner starten, dann frage ich sie in Bezug auf den eben geschriebenen Gedanken eine sehr entscheidende Frage, die man sich im Übrigen auch gern stellen sollte und darf, ohne im Network-Marketing-Business aktiv zu sein: „Warum sollte man mit Dir Zeit verbringen?" Eine ebenso entwaffnende wie nahezu gnadenlos direkte Frage, die nur eine Art von Antwort zulässt: eine ehrliche. Und zwar eine derart ehrliche, die dabei auch selbstreflektierend ist. Denn man muss sich zu sich selbst bekennen, muss seine individuellen Vorzüge kennen, nennen und nach außen kehren. Was ist Dein Essential? Was ist Dein Asset? Jeder kann diese Frage beantworten, denn jeder hat es – aber was? Und wieviel davon? Wer zu diesem Sachverhalt in sich geht, der wird Erstaunliches in und an sich entdecken …

Das Bemerkenswerte aber ist, dass viele Menschen auf diese Frage hin gar keine Antwort parat haben. Sie wissen um ihren eigenen Wert nicht, können nicht einschätzen, was sie alles Großartiges zu bieten haben – sich selbst und anderen. So geht es meiner bisher gemachten Erfahrung nach etwa drei von vier Personen. Was für eine Quote. Und Du? Geht es Dir auch so? Wenn ja, dann bleibt mir nur eine Frage übrig: „Wenn Du nicht weißt, was Dich ausmacht, was Deinen Wert erklärt, was Du Dir und anderen zu bieten hast, wie willst Du denn dann Dein Leben nach Deinen Vorstellungen leben und genießen? Denn Du kennst ja weder Deine Werte noch Deine Assets – und wenn Du die nicht kennst, dann wird's schwer mit eigenen Zielen. Wie soll das funktionieren, wenn Du noch nicht einmal weißt, wie Du Dein Leben nach Deinen Vorstellungen leben willst, wenn Du nicht weißt, wie Deine Vorstellungen überhaupt aussehen? Denn: **Wenn Du nicht weißt, wer Du bist, wirst Du auch niemals mehr aus Dir machen können!**

Also musst Du erst einmal die Bereitschaft haben, Dich zu analysieren und Dich kennenzulernen. Gehe also einmal in Dich, denke über Dich nach und lerne Dich erst einmal kennen. Ein weiterer Grund, warum Network-Marketing so spannend und aufregend ist. **Denn es handelt sich dabei um ein Business, in dem Du ausschließlich erfolgreich wirst, wenn Du eine Persönlichkeit bist und wenn Du damit die Bereitschaft besitzt, Deine Personality zu entwickeln, weiter zu entwickeln und zu Deinem besten Ich zu werden.** Denn damit entsteht eine Anziehungskraft von Dir auf andere, die diese anderen an Dich bindet. Bedenke: **Network-Marketing ist ein absolutes People-Business!** Das ist die Erfolgsgrundlage. Und ich verrate kein Geheimnis, wenn ich sage: Diejenigen, die im Network-Marketing erfolgreich sind, wurden es, weil sie eine Personality haben. Sie wären deshalb aber auch in jedem anderen Beruf und in jeder anderen Branche oder Industrie ebenso erfolgreich. Es liegt aber ganz bei Dir, ob Du dazugehörst oder nicht, und schon wären wir wieder bei den letztendlich vier Impulsen: **Können, Wollen, Tun, Sein!**

Wenn Du nämlich kannst, willst und auch tust – dann kennst Du auch im Network-Marketing Deinen Platz im System. Du weißt, wo Du bist und Du kennst Deinen Weg, wo Du hinwillst. Beides zusammen macht Deinen momentanen Wert aus. Egal, ob eine Karrierestufe, eine Position ist, eine Größe der Downline oder die Anzahl der direkten Partnerinnen und Partner. Es ist quasi, als ob ein Preisetikett an Dir hängt, nach dem Du entsprechend bezahlt wirst – und das sich an Deinem Vergütungsplan Deiner Partner-Company orientiert, welches ja durch seine Transparenz und seine klaren Karriere-Vorgaben besticht. Du bist, was Du momentan bist und was Du bisher selbstbestimmt erreicht hast – nicht mehr und auch nicht weniger. Deinen Status, Deine Position, Dein Ranking, Deinen Stellenwert bestimmst Du somit ganz alleine. Im Network-Business wirst Du nämlich nicht fremdbestimmt und auch nicht fremd beurteilt. Da ist niemand, der darüber entscheidet, ob es mit Deiner Karriere oder mit Deinem Weg auf- oder abwärts geht. Du wirst nicht befördert, sondern beförderst Dich ganz allein und von selbst – durch Deine Leistung bzw. durch Deine Performance. Das heißt aber auch: Wenn Du Deinen Preis erhöhen willst, wenn Dein Etikett geändert werden soll, dann geht es einzig und allein über den Weg der Persönlichkeitsveränderung, indem Du Dich weiter entwickelst. Daher: **Network-Marketing ist für mich Persönlichkeitsentwicklung mit einem fundierten Kompensationsplan.** Denn je weiter Du Dich in Deiner Persönlichkeit entwickelst, desto weiter kletterst Du Stufe für Stufe in der Karriereleiter hinauf. Damit generierst Du zugleich mehr Einkommen – als Folge Deiner Persönlichkeitsentwicklung –, weil Du so mehr Follower bzw. eine stetig wachsende Downline hast. Ein systematischer Prozess und somit ein ebenso klar definiertes Business, das Dir stets diverse Karriere- und damit auch Einkommens-Level anbietet. Etwas, was man als Chance begreifen muss. Du hast hier eine klare Chance mit exakt definierten Werten, Normen und Voraussetzungen, um das nächste Level zu erreichen. Aber wann das ist und ob das passiert, entscheidet nur einer allein: Du! Und damit auch die Entwicklungsstufe Deiner Persönlichkeit.

Wenn ich kurz zuvor angemerkt habe, dass für mich der Impuls „sein“ zu meiner Lebensmaxime mittlerweile als Bestandteil dazugehört, dann vor allem deswegen, weil damit die Frage aufgeworfen wird: „Wer möchte ich sein und wo will ich hin?“ Die Beantwortung dieser Frage schafft ja erst die Initiierung der Voraussetzungen dafür. Ohne die Antworten weiß man vielleicht noch, was bestenfalls am Ende rauskommen soll, aber nicht, wie und was zu tun ist, um das Ziel zu erreichen. Ohne Steine lässt sich kein Haus bauen. Da nützt es nichts, ein Haus haben zu wollen. Fehlt das Baumaterial, wird es nichts mit dem Haus und es wird immer ein imaginäres Ziel bleiben, ein Wunsch ohne Folgen. Das ist die Bedeutung von „sein“ in meiner Impuls-Agenda.

„Können“ hingegen bedeutet die Beherrschung des Handwerks, und das bedeutet vor allem „üben und trainieren“. Du kannst fast alles können, was physisch machbar ist. Als Voraussetzung dient hierbei vor allem Deine Passion, woraus wiederum der Antrieb zum Training entsteht. Weil Du Lust darauf hast, immer und immer wieder die Wiederholungen zu machen. So lange, bis Du es kannst und es für Dich jederzeit abrufbar ist. In diesem Zusammenhang muss ich Dir eine Geschichte erzählen, die mich immer wieder aufs Neue fasziniert, weil sie eigentlich gleich zwei Impulse beinhaltet: Das Können und das Wollen!

Es geht in dieser wahren Geschichte um eine Turnerin bei den Olympischen Spielen 1996 in Atlanta – die US-Amerikanerin Kerri Strug. Die 1,45 Meter große und 40 Kilo leichte Kunstturnerin machte damals das eigentlich Unmögliche möglich und vollbrachte beinahe ein Wunder. Warum? Weil sie es in diesem Moment konnte und wollte. Sie wollte es aber auch, weil sie wusste, dass sie es konnte. Ein wichtiger dualer Zusammenhang. Das Mannschaftsfinale lief Das letzte Gerät für die amerikanischen Turn-Girls war der Sprung. Es ging um alles, um wirklich alles. Denn noch niemals zuvor hatten die Amerikanerinnen olympisches Mannschafts-Gold gewonnen. Doch diesmal war die Chance zum greifen nah. Alles hing von der letzten US-Turnerin Kerri Strug ab, denn ihre beiden Mannschaftskolleginnen hatten zuvor leicht gepatzt. Ihre Sprünge bzw. die Landungen waren nicht optimal verlaufen. Doch dann passierte es: Bei der Landung vom ersten Sprung verletzte sich Kerri Strug am Knöchel. Eine schwere Verstauchung des Sprunggelenks und Bänderriss waren die Folge. Sie humpelte unter größten Schmerzen von der Matte. Was nun? War der Traum von Gold ausgeträumt? Sofort ist ihr damaliger Trainer Béla Károlyi bei ihr. Beiden ist in diesem Moment nur eins bewusst: Wenn Kerri Strug nicht noch einmal einen guten Sprung abliefert, haben wieder die Russen gewonnen und für die Amerikanerinnen bleibt erneut nur der zweite Platz und damit die Silbermedaille übrig. 9,493 Punkte sind noch einmal nötig, um die Goldmedaille zu sichern. Jetzt leistet der Coach ganze Arbeit und fragt seinen Schützling: „Kerri, wie oft haben wir diesen Sprung geübt? Wie oft hast Du bewiesen, das Du diesen Sprung kannst?“ – „Seit ich sechs Jahre alt bin, träume ich davon, einmal bei Olympia die Goldmedaille zu gewinnen und deshalb habe ich seither mehrere 1.000 Male diesen Sprung gemacht und habe ihn gestanden. Ich kann das, weil ich es so oft geübt habe!“, entgegnet Kerri Strug ihrem Trainer. „Prima, und jetzt gehen wir einen Schritt weiter. Wie oft schon bist Du statt auf dem rechten auf dem linken Fuß gelandet? Wie oft war das Dein Standbein?“, fragt Béla Károlyi und ruft ihr damit ihr Können ins Bewusstsein zurück. „Auch tausende Male!“, antwortet die damals 18-Jährige. „Also kannst Du es! Bleibt nur noch die Frage, ob Du für uns alle – auch für Dich – die

Goldmedaille holen willst, hier zuhause bei uns in Atlanta, USA?" – „Ja, ich will!" – „Okay, dann musst Du es jetzt tun. Und Deine Devise heißt ‚Keine Schmerzen'!"
Jetzt nimmt der Wahnsinn seinen Lauf. Der amerikanische Turn-Floh Kerri Strug humpelt zum Anlauf, läuft auf das Sprungbrett zu, hebt ab, springt und landet bei ihrem zweiten Sprung im Finale ... auf dem linken Fuß. Nur Augenblicke später bricht sie zusammen und kriecht auf allen Vieren von der Matte.
Wir erinnern uns: 9,493 Punkte waren zum Sieg nötig. Kerri Strug erkämpfte sogar 9,712 Punkte. Das war die Goldmedaille im Mannschaftsturnen für die US-amerikanischen Girls. Das beinahe Makabere an diesem Turnierverlauf: Erst nach dem Wunder-Sprung von Kerri Strug turnte die letzte russische Turnerin. Sie patzte und erhielt daraufhin so wenig Punkte, dass der zweite Sprung der Amerikanerin gar nicht mehr nötig gewesen wäre ... Zur Siegerehrung musste Kerri Strug von ihrem Trainer getragen werden, weil die Verletzung so schwer war ... doch Ihr Können und Wollen hatten gesiegt, hatten sie zu ihrem Triumph geführt und das scheinbar Unmögliche möglich gemacht. Und auch hier wird deutlich: **Das Können kommt immer vor dem Wollen! Denn Du kannst etwas noch so sehr wollen, wenn Du (es) nicht kannst, nützt Dir kein Wille etwas.**

Das Können ist daher die Basis für alles! Ganz einfach: Wenn Du Profi-Fußballer werden willst, kannst aber nicht gut Fußball spielen, dann wird es nichts aus dem Wille und Wunsch. Da reicht die Vorstellungskraft allein nicht aus. Das Können definiert sich über das Training, über den Fleiß und die Bereitschaft, das Trainierte immer und immer wieder zu wiederholen. Also: Das Richtige richtig und oft genug richtig tun! Nur so wird die entsprechende Voraussetzung geschaffen. Mache Dir bewusst, dass niemand an Deiner Tür klingeln wird und Dir das Können im Paket als Geschenk macht. Nein, im Gegenteil – es liegt an Dir und nur an Dir!

Genau dieses Gedankengut, die Impulse waren in mir verankert und haben mich auf meinem Weg bis heute begleitet. Egal, ob im Fußball, beim Abitur, beim Studium, in meinem Beruf als späterer Unternehmensberater, in meiner folgenden unternehmerischen Selbstständigkeit und noch mehr in meinem heutigen Network-Business. Können, wollen, tun und sein – darauf vertraue ich. Denn mir ist bewusst: Jedes Problem hat eine Lösung, jede Herausforderung hat einen Weg, alles hat zwei Seiten und lässt sich wie eine Karte drehen und aus diesem Grund weiß ich heute, dass es nichts gibt, was ich nicht irgendwie meistern kann, wenn sich vor mir eine Hürde, eine Frage, eine Challenge oder ein Problem aufbaut. Das ist nicht nur positives Denken mit Lösungsorientierung, das ist auch pragmatisches Wissen, dass es geht, weil ich mir selber vertraue. Wenn nicht mir, wem denn bitte schön dann? Ich weiß doch, dass ich vieles schon so lange gemacht habe, dass ich es kann. Und wenn nicht? Dann fange ich eben jetzt mit dem Training an und übe so lange, bis ich es kann.

Kommt dann nach dem Können noch das Wollen hinzu, dann ist dies fast eine positiv toxische Verbindung. Können und Wollen ergeben eine magische Verbindung, die Dir nur eine Option lassen: Du musst es dann auch tun. Mach' es! Entscheide Dich für den Erfolg! Go professional! Entscheide Dich gegen „probieren", aber für das „tun". Was bitte will man denn mit „probieren" erreichen? Das ist doch nichts anderes als das Scheitern von vornherein anzuerkennen und sich damit abzufinden. Haken dran und wieder etwas Neues probieren – und das wird dann auch nichts. Und so geht es weiter in der Spirale des „Niemals-Ziel-Erreichens“. Um es aber hier ganz deutlich zu sagen: Gegen Scheitern ist gar nichts einzuwenden – wenn es Dir dabei auf Deinem Erfolgsweg hilft, besser zu werden, dann ist Scheitern absolut okay, weil es eine Lerneinheit beinhaltet. Aber wenn Scheitern der Ausdruck einer laissez-fairen Einstellung zum eigenen Weg ist, wenn Scheitern quasi Gleichgültigkeit beinhaltet und ausdrückt, dann ist es eben keine Option. Weil es Dich nicht weiterbringt und sowohl nicht ziel- als auch lösungsorientiert ist.

Das ist auch in gewisser Hinsicht in meinen Augen ein gesellschaftspolitisches Problem. Wir haben viel und von allem noch mehr. Somit sind auch die Alternativen fast unzählig. Und was resultiert daraus? Ein meines Erachtens falsches Mindset, was die Freiheit eines Menschen behindert. Denn mit zu vielen Angeboten und Alternativen geht die Einstellung einher: Wenn das nicht klappt, dann versuche ich eben was anderes. Und wenn das auch nicht für mich funktioniert, dann nehme ich die nächste Alternative für mich in Anspruch. Wer so denkt und tickt, bei dem ist das Scheitern vorprogrammiert. So jemand wird nie an ein Ziel kommen. Aus Zielstrebigkeit wird Orientierungslosigkeit. Aus dem unbedingten Wollen wird Unschlüssigkeit“, ein weiches „vielleicht“ und ein endloses „mal sehen, ob …!“. Und am Ende werden Chancen vertan statt genutzt, man lässt sie liegen, lässt sie sich entgehen statt sie zu ergreifen.

Dabei gibt es heute eine noch viel größere Anzahl an Chancen als je zuvor. Doch zeigst Du Menschen ihre Opportunities, ihre Möglichkeiten auf, dann geraten sie beinahe schon in eine automatische Abwehrhaltung. Dies oft begleitet von den Worten: „Oh Gott, da will mir jemand etwas verkaufen!“ Ein Wahnsinn – Opportunity verkommt bei den Zauderern zum Schimpfwort. Da werden Glück und Erfolg, Erfüllung und Lebenssinn ad absurdum geführt. Aber genau hier sehe ich auch ein Stück weit meine Aufgabe, meinen Auftrag im Network-Marketing, indem ich andere dahingehend trainiere, nicht nur ihr Warum zu finden und die entsprechenden Techniken dafür zu erlernen, sondern ich führe sie zum Leader-Dasein und zwar zum **„Leader of example" – wer führt muss Beispiel sein!**

Diese Klarheit sehe ich als Botschaft und als Auftrag. Denn wenn Du diese Klarheit eben nicht besitzt, dann werden Menschen Dir nicht folgen und die Chance auch nicht verstehen. Was ist zu tun? Die Klarheit zu schaffen, um diese Frage beantworten zu können, darum geht es im Wesentlichen. Zu dieser Klarheit gehört beispielsweise, dass ich meinen Partnerinnen und Partnern in der Downline eben nicht verschweige, dass sie Neins kassieren werden. Yes, das ist Part of the Game! Das gehört dazu. Das ist ehrlich und klar. Denn was passiert denn, wenn ich andere auf diese Tatsache vorbereitet habe? Werden sie mehrfach mit dem Nein konfrontiert, haben sie dennoch ein ganz anderes Gefühl gegenüber diesem Nein, als wenn ich sie nicht auf diese Realität vorbereitet hätte. Dieses eine Sätzchen ist sogar entscheidend. Habe ich einem Partner nämlich gesagt, dass ein Nein normal ist, dann hat er das auch innerlich abgespeichert und geht entsprechend rational damit um. Ein Nein gehört zum Network-Marketing genauso dazu wie das Ja. Hierbei aber ist die Sichtweise, die Perspektive auf das Nein sehr entscheidend. Wir leben nämlich mit einem Trugschluss und haben uns an diesen quasi gewöhnt. Dies tun wir, indem wir davon ausgehen, dass wir fast ein Recht auf ein Ja haben und deshalb ein Ja als Selbstverständlich ansehen, als eine zwingende Notwendigkeit. Insgeheim glauben wir nämlich, dass ein Ja die Normalität repräsentiert. Das stimmt aber nicht. Da ist vielmehr der Wunsch Vater des Gedankens. Wir bieten etwas an und der andere sagt sofort Ja. Normal ist aber viel eher das Gegenteil – das Nein. Und eben weil dieses Nein normal ist, werden wir auch so oft damit konfrontiert. Deshalb ist es wichtig, in diesem Bezug unseren Blickwinkel und damit unsere Perspektive zu verändern. Warum? Denn wenn wir dieses ambitionierte Ziel erreichen, indem wir uns mehr und mehr auf die reale Normalität einstellen, dann ist ein Ja plötzlich viel mehr wert. Network-Marketing ist insofern auch ein Stück weit die Suche nach dem Nicht-Normalen, nach dem Überdurchschnittlichen und macht ebenso deutlich, wie wichtig die Veränderung der Perspektive und der Sichtweise ist.

Wird diese Voraussetzung hingegen nicht geschaffen, geht ein Partner halt von einer falschen Normalität aus. Wird er in diesem Fall mit einem Nein konfrontiert und dies gleich mehrmals, wobei er doch fest mit einem „normal, üblichen Ja“ gerechnet hat, kommen in ihm Selbstzweifel auf. Er hält seine Performance für nicht ausreichend, verliert den Glauben an sich und das Business und seine Leistungskurve inklusive Motivation neigt sich rapide nach unten. Ganz schnell tauchen dann folgende Gedanken auf: „Das funktioniert nicht! Ich kann es nicht! Vielleicht ist Network-Marketing nichts für mich …!“ Trübe Gedanken, die hinderlich auf dem Weg zum Erfolg sind und dies nur, weil er von einer falschen Normalität ausgegangen ist. Und – weil ich ihn eventuell auf diese Realität, auf diese wertvolle Perspektive nicht vorbereitet habe. Plötzlich ist die Versagensangst da. Eine der Urängste von Menschen – zum einen die Angst vor dem Scheitern, zum anderen die Angst vor dem Erfolg. Die meisten Frauen und Männer träumen von einem überdurchschnittlichen Leben, streben den Status „above-average“ an. Dabei befinden sich aber die meisten mitten im „Average“ und werden dort auch bleiben, weil sie weder können und wollen und weil sie in Wahrheit Angst vor dem Erfolg haben, auch weil sie damit gar nicht umgehen können. Weißt Du, wie viele Lotto-Millionäre nach ihrem Gewinn immer noch Millionär sind? Sehr wenige. Seit im Jahr 1955 das Lotto-Spielen eingeführt wurde, gab es knapp 4.500 Lotto-Millionäre. Die einen hatten Sechs Richtige, die anderen knackten sogar den Jackpot. Fakt aber ist laut Statistiken der „Deutschen Vereinigung der Lottogesellschaften der Bundesländer zur Veranstaltung von Glücksspielen" sind davon heute über 80 Prozent wieder verschuldet. Bittere Realität nachdem kurzfristigen Dasein als vermeintlicher Glückspilz. Dabei geht es den meisten der 80 Prozent heute schlechter als vor ihrem Lottogewinn, Wahnsinn, oder? Auch Psychologen bestätigen: Es ist die Angst vor dem Erfolg, die Unfähigkeit damit umgehen zu können und zugleich die Furcht vor dem Scheitern, die zu diesen unglaublichen Werten führt. Diese Menschen sind auf Erfolg nicht vorbereitet, auch weil sie ihren bisherigen sozialen Status verlieren, in eine neue Welt eintauchen und weil sie sich in einer neuen Komfortzone regelrecht suhlen.

Aber darum liebe ich meine Berufung Network-Marketing – und ja, es ist kein Beruf für mich, sondern eine Berufung –, weil ich hier Menschen und ihr Persönlichkeitsbild entwickeln darf. Es geht mir darum, Menschen das „above-average"-Denken zu vermitteln, sie dorthin hinzuführen und sie zeitgleich darauf vorzubereiten. Denn nur daraus kann dann für sie auch „mehr" werden. Diese Einstellung, dieser Paradigmenwechsel ist eine Triebfeder „für Erfolg" und „zum Erfolg" sowie „zum Verbleib im Erfolg". Das ist, was mich heute triggert: Menschen kennenlernen, und bei dem einzelnen erkennen, ob er gerne würde, aber aktuell nur noch nicht von sich weiß, wie. Das ist ein Stück weit vergleichbar mit der Situation, dass jemand weiß, er will von München nach Hamburg fahren, weiß aber noch nicht wie und mit welchem Auto. Und ich mache ihn dann bereit, gebe ihm das bestmögliche Auto an die Hand, bis ich ihm sage: Hier ist Dein Schlüssel zum Ferrari – gute Fahrt".

Das hat im Übrigen rein gar nichts mit der Partnerfirma oder den Produkten zu tun. Das ist pures Mindset, es ist Einstellungs- und damit zugleich reine Kopfsache. Und es passt ein Stück weit auch zu meiner eigenen Story, weil ich rückblickend eigentlich noch nie wirklich hingefallen bin. Viele behaupten heute immer wieder, man kann nicht erfolgreich sein, ohne jemals am Boden gelegen zu haben. Ich bezweifle diese These. Denn ich kann von mir behaupten, heute erfolgreich zu sein, wenngleich ich noch nicht da bin, wo ich sein möchte – schon gar nicht in der Entwicklung meiner eigenen Persönlichkeit. Aber ich war noch nie am Boden, im Gegenteil. Ich gehe sogar soweit zu behaupten, dass alles, was ich jemals angefangen habe, erfolgreich war und wurde – ausnahmslos. Weil für mich eben immer „können, wollen, müssen" inklusive „sein" zählte und seine entsprechende Bedeutung hatte. Das unterstreicht für mich den Slogan „Nothing is impossible".

Aber Achtung! Wer jetzt glaubt, ich habe den „heiligen Gral des Network-Marketing" entdeckt, weil ich als jemand wahrgenommen werde, der sich gerade auf der beruflichen Überholspur in der Branche befindet, den muss ich enttäuschen – und tue das im Grunde genommen sogar gern. Nein, den Gral habe ich nicht! Aber ich nehme ein paar Tugenden, ein paar wertvolle Erfahrungen mit in diese aufregende Branche, die ich ja selber erst wenige Jahre kenne. Und das ist ein Business-Sektor, der beispielsweise Professionalität erfordert. Genau das bringe ich hier ein. Wenn man nämlich

Fähigkeiten und Erfahrungen aus anderen Branchen hernimmt, alles Dinge, die erprobt sind und die funktionieren, und sie dann im Network-Marketing einsetzt, so haben die einen ganz anderen Effekt, einen verstärkenden, einen, der wie ein Ziel-Katalysator wirkt. Damit kristallisiert Du on top einen echten USP-Faktor hervor, der Dich einzigartig macht, der Dich besonders erscheinen lässt. Auch wenn Du gar nicht besonders bist – sondern nur im Vergleich zu anderen professioneller. And by the way: Es ist keine Kunst im Network-Marketing einen **U**nique **S**elling **P**oint zu haben, denn diesen **USP** kann jeder kreieren. Egal, welchen beruflichen Hintergrund und welchen Werdegang man bisher hat. Das ist nämlich nicht von entscheidender Bedeutung. Denn mit diesem Buch, dass Du gerade in der Hand hältst, wirst Du es auch schaffen, auf Deine Weise einzigartig zu werden und zu sein. Hier kannst Du Dir Deine Expertisen holen, du weißt doch schon wie … richtig, tauche ab in Deine eigene Phantasiewelt oder lese dieses Buch aus meiner Perspektive und schaue durch meine Brille. Willkommen in meinem Leben!

Und noch ein Tipp am Rande: Um an die Spitze zu kommen, muss es nicht langsam vorangehen. Warum langsam, wenn es auch schnell geht? Wo steht diese Gesetzmäßigkeit geschrieben, dass Erfolg eine Frage von langer Zeit und Dauer sind? Nein, Du brauchst lediglich die richtige Denkweise, den richtigen Blickwinkel, dann geht es schnell oder zumindest schneller. Nur das Können, das Wollen und das Tun müssen stimmen. Und ja, dazu gehört auch das Prinzip „Try and error“, ebenso der Spaß am Tun, die Motivation muss stimmen, dazu die Lust an dem Prozess und die Bereitschaft zu harter Arbeit. Ja, sorry, die gehört auch dazu. Es wird Dir nichts geschenkt – in keiner Branche, auch im Network-Marketing nicht. Nirgends wird Dir erzählt, dass die Arbeit für Deinen Erfolg immer mit Leichtigkeit zu bewältigen ist. Der **„leichte Weg“** ist meist auch der **„falsche Weg“** – aber dafür macht der Erfolg nachher umso mehr Spaß und Freude. Nichts befriedigt einen mehr, als der Erfolg nach erledigter Mühe und Anstrengung. Du bekommst alles doppelt und dreifach zurück, was Du jemals investierst hast. Dein „Kickback“, Dein **„Return of Working-Invest“** solltest Du dann auch Stück für Stück genießen, auch, um jeden Moment als Dein individuelles Learning anzusehen. Du kennst den berühmten Satz: **„Wenn Dein Warum groß genug ist, dann findest Du auch Dein Wie!“**

Sicher, mit Network-Marketing wird im eigentlichen Sinne eine ganz bestimmte Branche beschrieben, eine bestimmte Art des Direktvertriebes, der heutzutage weltweit aufgerundet etwa 200 Millionen US-Dollar Umsatz per anno generiert. Und wie immer ist es eine Frage der Betrachtung: Für den einen ist es ein Business, oder gar „nur“ ein Business und für den anderen hingegen ist es die sensationelle Chance, sein Leben auf den Kopf zu stellen und dies komplett zu verändern. Aber für mich ist Network-Marketing vor allem eines: Lifestyle mit einem Marketingfaktor! Denn nichts geht in Zeiten wie unseren ohne Marketing. Jeder macht es – auch ohne es bewusst zu wissen. Ich behaupte sogar, die meisten betreiben aktives Marketing, ohne überhaupt Marketing betreiben zu wollen. Aber jeder verkauft sich und dies jeden Tag, meistens sogar täglich mehrfach. Es geht doch schon morgens mit der Entscheidung los, was man anzieht. Eine reine Marketing-Entscheidung, weil man mit seinem Kleidungsstil, mit seinem Look etwas ausdrückt – egal was. Genau in diesem Moment betreibt man schon Marketing. Denn man will sich auf eine gewisse Art gut verkaufen, indem man sich adäquat präsentiert. Das ist gut so, denn völlig unerheblich wann, wo und wie – wir müssen uns ja verkaufen und sei es lediglich aus dem Grunde, sich von anderen ein Lächeln zu verdienen oder eine freundliche Geste. Marketing ist ein lupenreines Lebens-Instrument, das von allen mehr oder weniger bewusst oder unbewusst gespielt wird. In seiner Wirkung mal leiser und mal lauter. Der andere Part ist in diesem Zusammenhang Networking. Der berühmte US-Autor Robert Kiyosaki hat es mit einem Satz auf den Punkt gebracht: „Die reichsten Menschen der Welt bauen Netzwerke auf. Alle anderen lernen, wie man Arbeit sucht!" Das ist Fakt und sagt doch alles aus!

Genau so ein Netzwerk habe ich mir über die Jahre aufgebaut. Mein Vater war dabei eines der besten Beispiele für mich. Er hat einmal in seinem Leben ein Bewerbungsgespräch geführt, dann nie wieder. Die Antwort auf dieses vermeintliche Phänomen, das im Grunde genommen gar keines ist, ist ziemlich einfach: Nach seinem ersten Job ist er von einem Unternehmen zum nächsten „gekauft" worden, weil er nämlich schlicht und einfach sehr gute Arbeit gemacht hat. Und wieder ist es da – das Können, Wollen und Tun! Mein Vater ist aufgrund seines Könnens und seines genialen Netzwerkes „geheadhunted" worden, wie es heute Neudeutsch so schön heißt. Er kannte die richtigen Leute, hatte ein breit angelegtes Netzwerk und schon kam es dazu, dass ihn andere haben wollten, weil sie ihn kannten und wegen seiner guten Performance auch wollten. Er hat erst durch seine qualitativ hochwertige Arbeit effektives „Selbst-Marketing" betrieben, woraus dann als eine logische Konsequenz das Networking nebst Netzwerk folgte, von dem er zu guter Letzt profitierte. Das alles macht zum einen die Bedeutung eines guten Netzwerkes deutlich, zum anderen aber auch den Zusammenhang zwischen Network und Marketing.

Doch damit nicht genug. Heute bin ich der festen Überzeugung, dass ein Netzwerk und das Netzwerken per se Probleme löst, dass es Halt spendet und ein wahrhaftes Erfolgs-Elixier ist. Wer sein Netzwerk als solches behandelt, nämlich mit Respekt, Hingabe, Ehrlichkeit und Freundlichkeit, dem wird es niemals an etwas mangeln und es lässt sich, ökonomisch direkter ausgedrückt, dann sogar monetarisieren. Hier kommt in dem Fall ein ganz wichtiger Aspekt mit ins Spiel. Wie oft hört man in unserer Branche von Newcomern den Satz: „An meinen Freunden und Bekannten Geld zu verdienen, das mag ich aber nicht so gerne …!" Falsch! Völlig falsches Mindset! Diese network-technische Fehleinstellung muss in so einem Fall auf „Normalität" resettet und umkonfiguriert oder neu justiert werden. Wer so tickt, der glaubt auch, dass er Netzwerk auf der einen Seite und Geld verdienen auf der anderen Seite komplett voneinander trennen kann. Genau das stimmt aber in unserem Geschäft nicht. Es sind eben nicht zwei separate Welten, sondern zwei Dinge, die zusammengehören, weil sie zusammenpassen. Wer die Netzwerk-Marketing-Welt verstehen will, der muss parallel dazu begreifen, dass es darum geht, sich eine Community zu erschaffen, mit deren Mitgliedern man einfach gerne Zeit verbringt. Es müssen Freunde und keine auf einem bloßen Klick basierenden Kontakte sein. Denn man darf dabei niemals vergessen: **Einer der größten Vorteile ist es doch, dass man sich im Network-Marketing-Business die Menschen aussuchen darf, mit denen man zusammenarbeitet.** Was für ein gigantischer Bulletpoint, der immer wieder gern vergessen wird. Wo sonst darf man sich ein eigenes Umfeld nach eigenen Vorgaben, nach eigenem Geschmack und eigenen Präferenzen suchen? Nirgends, so etwas gibt es nur in der Welt des Network-Marketings. Fragt doch mal Menschen aus der herkömmlichen Arbeitswelt, was sie dafür geben würden, wenn sie sich ihre Kollegen selber aussuchen dürften? Da würde aber so mancher plötzlich eine ganz andere

Mannschaft um sich herum versammeln. Und das Verrückteste ist: Viele Networker vergessen nicht nur ihre vielen Vorteile, sondern sie sondieren und sortieren auch nicht bei der Wahl ihrer Downline, sondern nehmen quasi jeden.

Wenn ich mir meine Downline hingegen ansehe, dann bin ich von Stolz und Freude erfüllt – das sind meine Freunde, die ich dort sehe. Dem Network-Marketing sei Dank. Ich habe in den letzten Jahren meinen persönlichen Freundeskreis nicht nur um vielleicht 60 Prozent ausgetauscht. Nein, auch in der Quantität hat die Qualität zugenommen. Etwas, was mir heute sehr wichtig ist. Ich habe mich entschieden, mein Leben zu leben und zwar wie ich es mir mit meiner großartigen Familie vorstelle. Ich lasse mich nicht mehr in ein System pressen, in dem ich mich nicht mehr wohlfühle. Dabei weiß ich, dass viele andere – auch aus meinem früheren Umfeld – genau dafür kein Verständnis haben. Sie denken und leben halt in zu engen Grenzen. Nicht schlimm, aber ich muss diese Enge ja nicht ertragen, nur um anderen eventuell zu gefallen. Zu dieser Erkenntnis gehört eben auch, dass ich mir die Menschen selber aussuche, mit denen ich arbeite, mit denen ich darüber hinaus befreundet bin und mit denen ich Geld verdiene – und an denen ich Geld verdienen kann. Das gehört zur Offenheit, Ehrlichkeit und zur ökonomischen Wahrheit mit dazu, und zwar mit voller Überzeugung!

ROYAL FLUSH – ERFOLG MIT VOLLEM EINSATZ

Mein Fachabitur absolvierte ich an der Universität der Bundeswehr – für mich ein bildungstechnischer Alternativweg, weil damals nach der 10. Klasse für mich ein ganz anderer Berufswunsch absolute Priorität hatte: Ich wollte Fußball-Profi werden! Das war nicht nur ein Wunsch, das war Passion, mein klar definiertes Ziel. Was tat ich also? Ich begann eine Lehre als Kommunikationselektroniker? Ja, ich sehe schon, wie bei Dir nun die Fragezeichen aufploppen. Was hat das Dasein als Fußball-Profi mit diesem eben genannten Lehrberuf zu tun? Berechtigte Frage. Ehrlich gesagt, war der Beginn der Lehre für mich eine sekundäre Notwendigkeit, völlig bedeutungslos. Das war noch nicht einmal der Plan B, den ich hätte zücken wollen, wenn es mit Plan A, nämlich dem Profi-Dasein als Kicker, nicht geklappt hätte. Die Lehre als Kommunikationselektroniker war mein Plan Z! Aber ein Vorteil hatte das Ganze: Das Gelände der Universität der Bundeswehr, wo ich diese Lehre begann, lag genau gegenüber vom Fußballplatz und von meinem Verein, nämlich der SpVgg Unterhaching. Optimale Verhältnisse, denn so konnte ich in kürzester Zeit vom Lehrbetrieb aufs Fußballfeld wechseln – quasi von der Pflicht-Welt in die Traumwelt! Diese Nähe zum Fußballplatz war das einzig Entscheidende für mich. Und auch wenn der Lehrberuf für mich keinerlei Bedeutung und Gewicht hatte, so erinnere ich mich trotzdem gern daran zurück. Allein schon deshalb, weil ich dort einen Ausbilder hatte, der zugleich mein erster Mentor wurde, weil er das in mir damals noch schlummernde Potenzial entdeckte. Öfter sagte er mir: „Andreas, du hast mehr drauf und in Dir steckt viel mehr, als Du aktuell aus Dir rausholst. Selbst, wenn es mit Deiner Fußballkarriere nicht funktionieren sollte, wirst Du eine starke Persönlichkeit ...!" Recht hatte er. Vielleicht sollte man doch manchmal und öfter auf seine Lehrer hören. Ihn und seine Begabung andere zu fördern und etwas in ihnen zu sehen, werde ich niemals vergessen. Noch heute denke ich gern und auch in gewisser Hinsicht dankbar an ihn zurück.

Fußball, Fußball und noch einmal Fußball – ich dachte, lebte und fühlte diesen Sport mit aller Hingabe und vollem Einsatz. Und dennoch musste ich es irgendwann eingestehen: bis hierhin und nicht weiter. Der Traum von der Profikarriere ist unerreichbar. Zum einen waren da die ständigen Verletzungen, die mich immer wieder zurückwarfen und die mich am Weiterkommen hinderten. Zum anderen habe ich es wohl auch mit meinem Ehrgeiz und mit meiner Verbissenheit am Ziel übertrieben. Nach fest, kommt ab! – Das ist nicht nur eine Handwerkerweisheit, sondern galt damals auch für mich. Ich überdrehte einfach mental und spürte dabei, dass es einfach nicht reicht. Der eine letzte Kick, der allerletzte Mikromillimeter zum Glück wollte nicht gelingen. Ich erkannte es und machte einen Haken dran. Aber einen mit seelischem Schmerz, denn in mir tat sich eine gähnende Leere auf. Mein Traum war zerplatzt wie eine Seifenblase. Plopp – und vorbei! Keine Frage, ich war in dem Moment für einige Tage am Boden zerstört.

Wie gut, wenn man in solchen Momenten im Leben die richtigen Menschen um sich hat. Ich jedenfalls hatte sie – meinen Vater und den zuvor genannten Ausbilder. Beide machten mir Mut, sagten mir, was ich doch für ein toller Bursche sei und welch Potenzial in mir stecken würde. Und plötzlich schöpfte ich Hoffnung und ein Gedanke keimte zunehmend in mir auf: Wenn ich schon nicht auf dem Spielfeld als Fußballer glänzen kann, dann eben auf der anderen Seite des Geschäfts. Und da gab es für mich nur ein Vorbild: Uli Hoeneß, der Manager des FC Bayern München und sicherlich einer der besten seiner Zunft. Seine Geschichte hatte mich eh schon immer inspiriert. Ein Mann, der als Fußballer Großes erreicht und geleistet hatte, aber durch eine schwere Verletzung zum plötzlichen abrupten Karriereende gezwungen war und so in jungen Jahren schon auf die Managementseite des Profisports gewechselt war. Somit galt für mich fortan die Losung: wenn schon kein Fußballspieler, dann eben Top-Manager.

Also machte ich, wie erwähnt, an der Uni der Bundeswehr mein Fachabitur und studierte nach einigen Praktika das Fach „Sportmanagement und -marketing". Doch auch wenn Uli Hoeneß mein großes Vorbild in diesem Bereich war, ein Praktikum beim FC Bayern habe ich leider nie machen dürfen. Gefühlt war ich sicherlich mehr als hundert Mal an der Säbener Straße, der Heimatadresse des Deutschen Rekordmeisters. Immer und immer wieder sprach ich vor und fragte nach der Chance ein Praktikum für „Sport- und Eventmanagement" absolvieren zu dürfen. Pustekuchen! Ich gab nicht auf, aber alle Mühe und Anstrengung waren vergebens – es sollte nicht sein. Dafür landete ich für einige Monate als gebürtiger Bayer in der Hansestadt Hamburg, und dort wiederum erst beim damaligen Dino der Bundesliga – dem HSV. Und danach blickte ich hinter die Kulissen des Profi-Boxens beim damals populären Boxstall von Wilfried Sauerland, der ebenfalls in Hamburg beheimatet war. Eine aufregende Zeit begann für mich mit vielen Eindrücken und Erlebnissen, die ich niemals vergessen werde. Allein der Fight zwischen dem sibirischen Riesen Nikolai Valuev und dem Briten David Haye, der unter anderem zwar von Wladimir Klitschko nach Punkten bezwungen, aber nicht K.o. geschlagen wurde. Bei solchen Events machte ich meine ersten Schritte als angehender Sportvermarkter. Eines wurde dabei aber schon ziemlich offensichtlich: In mir schlummerte ein verstecktes Verkaufs-Gen. Ich mochte das, hatte meinen Spaß daran, dieses feinsinnige Spiel rund um das Sales-Business mit all seinen Raffinessen.

Zurück in München zog ich dann mein Studium an der Macromedia Hochschule rund um Management und Marketing im Bereich Sport bis zum Ende durch. Einen sehr auf einen Geschäftszweig fokussierten und spezialisierten Studiengang, den es eben nicht an der öffentlichen, sondern der so nur an einer privaten Hochschule angeboten wurde. Ein teures Vergnügen! Denn das Studium kostete damals rund 25.000 Euro, also 5.000 Euro pro Semester. Aber das habe ich aus eigener Tasche und Kraft selber finanziert. Eine Herausforderung, die mir wichtig war und die ich ebenso annehmen wie meistern wollte. Sicher, mein Vater hätte mir bestimmt das Studium finanzieren können. Aber ich wollte es selber schaffen. Das war ein Stück weit mein Antrieb, eine persönliche Challenge, die ich bestehen wollte.

Andere, ungewöhnliche Wege zu gehen, das ist irgendwie mein Ding, meine Leidenschaft und vielleicht auch ein Stück weit meines Erfolges. Denn andere hätten in meiner Situation vielleicht Burger gebraten, in einer Bar gejobbt, wären Taxi gefahren oder hätten als Nachtportier in irgendeinem Hotel der Stadt Nachtwache geschoben. Die klassischen Studentenjobs halt. Nein, danke – das bin ich nicht. Aufgepasst: Ich verdiente mir mein nötiges Geld beim … Pokern! Nicht, weil ich ein von allen guten Geistern verlassener Glücksritter bin, sondern weil ich konnte, wollte und damit auch tat! Ja, ich weiß, auf diese abgefahrene Idee muss man erst einmal kommen.

Ich kam drauf, weil ich mit Freunden in so mancher Homesession die Karten fliegen ließ. Just for fun! Unser Einsatz waren bescheidene zehn Euro. Aber plötzlich fiel uns eine Besonderheit bei diesem populären Kartenspiel auf: Es handelt sich dabei gar nicht um ein Glücksspiel. Pokern hat sehr viel mit Konzentration, Strategie und vor allem mit Wahrscheinlichkeiten zu tun. It's a game with odds! Also fingen wir an, uns näher mit dem Poker-Thema zu beschäftigen, indem wir uns Bücher kauften, studierten das Spiel regelrecht und eigneten uns so mehr und mehr Wissen an. Wir wollten in Sachen Pokern jeden Trick, jeden Dreh und jede Masche kennenlernen. Mit der Zeit erlebte das Kartenspiel, das man bis dato nur aus den verqualmten, verruchten Saloons in Westernfilmen her kannte, auch in Deutschland einen wahrhaften Boom. Plötzlich wurden Spielrunden im Fernsehen übertragen. Und Promi-Poker war auf einmal angesagt. Poker-Turniere wie die World Series aus Nevada oder aus Las Vegas wurden gezeigt. Meine besten Freunde und ich vertieften uns zunehmend in die Materie Poker und spürten: Was andere können, das können wir auch. Wir hatten es ja drauf, waren helle, kluge Köpfe und konnten allesamt ganz gut rechnen. Mathematik war für uns kein furchteinflößendes Fremdwort, sondern ein praktisch anwendbares Tool, das wir mit all seiner Abstraktheit einzusetzen wussten – gerade beim Pokern, wo das nämlich mehr als zielführend und gewinnbringend ist.

Beim Pokern gibt es einen guten Spruch: „Wenn Du nach zehn Minuten nicht weißt, wer der Fisch am Tisch ist, dann bist Du es selbst …!" Heißt im Klartext: Wer ist der Blender in der Runde? Wer hat das miese Blatt und wen muss ich als Mr. X enttarnen? Exakt hier lag ein gewisses Talent von mir, nämlich Menschen zu lesen bzw. in ihren Gesichtern etwas ablesen zu können. Aber damit nicht genug.

Ich konnte mein Spiel gut ausrechnen – was hab ich auf der Hand, welche Möglichkeiten bieten sich für mich? Und diese Fähigkeit ist gerade beim Pokern ausgesprochen nützlich. Doch beim Pokern bewies sich meine Maxime: Du musst Dein Handwerk können und das erreichst Du durch üben, üben, üben …! Kurz gesagt: Wir haben in unserer Runde verdammt viel gespielt und haben uns so immer mehr Spielpraxis angeeignet, was uns wiederum als Pokerspieler besser und besser werden ließ. Einziges Handicap: Wir waren allesamt sehr junge 18 oder 19 Jahre alt – schade, denn in diesem Alter ließ man uns in Bayern nicht an die Tische. Dazu hätten wir 21 Jahre jung sein müssen. Ein Grund zum verzagen? Ach was! Denn was hier nicht geht, geht eben woanders. Also fuhren wir, wann immer sich die Chance bot, nach Salzburg. Gut eine Stunde Autofahrt und schon waren wir halt in Österreich – und dort durften wir spielen. Und wie, denn wir kassierten wirklich gut, haben richtig gutes Geld verdient. Es gab so manchen Abend, wo ich mit 3.000 bis 4.000 Euro ins Auto stieg und nach München zurückgefahren bin. Da erübrigt sich wohl die Frage, ob sich Pokern für mich respektive für uns gelohnt hat. Es hat sich gelohnt, aber wie! Denn mit so einer Gewinnsumme eines Abends, habe ich auf einen Schlag ein ganzes Semester meines Studiums bezahlt. Pokern? Das war Geldverdienen mit Wow- und Fun-Faktor! Heute kann ich sagen: Ich habe mein Studium nicht „gewonnen“, aber „erpokert“, und dies mit viel Strategie, Fingerspitzengefühl und Abgeklärtheit.

Es gab Zeiten, da habe ich an acht Tischen gleichzeitig gespielt, und dabei meine ganzen geistigen Fähigkeiten genutzt, mein Denken darauf eingerichtet. Und parallel dazu lief ebenso auf voller Fahrt mein Studium. Zwei völlig verschiedene Welten im kompletten Einklang – eine unvergessliche Zeit. Doch damit nicht genug. Wir leisteten uns sogar die Herausforderung, es mit den Besten der Besten aufzunehmen und pokerten im Spielerparadies Nummer 1 – in Las Vegas. Kein Quatsch und keine nacherzählte Szene aus einem Hollywood-Movie. Und dennoch umgab uns auch ein Hauch „Oceans Eleven", wenngleich es mehr „Küffners Four" waren ... Plötzlich saßen US-Milliardäre mit an unserem Tisch, Menschen, bei denen es auf den Gewinn von mehr oder weniger paar Tausend überhaupt nicht ankam. Und wir erlebten auf der anderen Seite Spieler, die ihr ganzes Leben, ihre vollständige Existenz beim „All in" in die Hände der Glücksgöttin Fortuna legten und am Tisch alles verloren. Es war einfach unbeschreiblich crazy, was sich da vor unseren Augen abspielte, welche Dramen sich da ereigneten und von welchen irren Storys wir ein Teil waren. Unvergesslich, als wir mit Phil Ivey Jr. pokerten, einem der weltbesten und berühmtesten Poker-Spieler überhaupt. Ein farbiger US-Amerikaner, der bis heute über 30 Millionen US-Dollar an Preisgeldern kassiert hat und der im ARIA Resort & Casino von Las Vegas seinen eigenen Poker-Room besaß. Festhalten: Genau dort haben wir gespielt. Wahnsinn, oder? Aber soweit führt einen Können, Wollen und Tun – auch Dich, wenn Du Dich an dieser Maxime orientierst.

Pokern war für mich aber bei allem Spaß und bei allem Nervenkitzel vor allem eins: Ein Mittel zum Zweck, das auch genau diesen erfüllte: Geld für mein Studium verdienen. Und dies auf zugegeben ungewöhnliche, aber ebenso effektive Art und Weise. Hier ging es um Können, um Konzentration, um Strategie und ebenso um eine Prise mathematisches Know-how. Es war eben keine dumpfe Zockerei, sondern eine Tätigkeit, die meine Freunde und ich damals professionell betrieben und in der auch damals schon mein Anspruch lag: nicht gut, sondern sehr gut zu sein. Auch wenn das Ambiente schillernd, der Weg ungewöhnlich und die Welt, in die wir eintauchten, glamourös waren, so war Pokern neben dem finanziellen Aspekt besonders eins: anstrengende Arbeit für das Hirn!

Aus unserer Runde ist immerhin einer heute noch als Profi-Pokerspieler unterwegs und die anderen haben auch noch hier und da ihren Spaß dabei – noch heute zähle ich sie mit zu meinen allerbesten Freunden. Ich hingegen bin ausgestiegen, weil ich mich für eine anderen Weg entschieden habe. Vor allem war das eine Entscheidung für und nicht gegen etwas – ich habe mich für meine Frau entschieden, die Mutter meiner beiden wunderbaren Kinder. Denn sie machte mir zum damaligen Zeitpunkt unmissverständlich deutlich: „Entweder Du versinkst jetzt in dieser ebenso verlockenden wie gefährlichen Welt des Glücksspiels, oder Du kommst auf den Weg ins reale Leben zurück!" Was sich so ultimativ anhört, war auch ein Stück weit Ausdruck des Unverständnisses. Denn für sie war diese Poker-Welt, die Spieler, das Ambiente, die Zockerei, dazu das glitzernde Las Vegas – unseriös und anrüchig. Für sie war das alles einen „Touch too much". Ich hingegen hatte Pokern vielmehr als eine gute Chance betrachtet, Geld zu verdienen und dabei eben nicht nur spröde Zeit gegen Geld zu tauschen. Ein Nine-to-five-Job für 100 Euro am Tag wäre für mich damals die Höchststrafe gewesen – und ist es heute noch. Denn für mich war immer schon die Überlegung angesagt: Wie kann ich mit meinem Wissen und mit meinem Intellekt in einer Stunde mehr machen als andere an einem Tag? Abkürzungen suchen und schneller ans Ziel kommen, das ist meine Denkweise.

Selbst mein Vater konnte es nicht begreifen, wie man sich durch bloßes Kartenspielen so seinen Lebensunterhalt nebst Studium verdienen kann. Mit Skat, Mau-Mau oder Schafskopf ist das auch schwer bzw. nicht möglich, mit Pokern aber eben schon. Und weil das für viele so unbegreiflich ist, kochen dann ganz schnell die Gerüchte auf, das kannst Du Dir sicherlich vorstellen. Die einen glauben, man ist spielsüchtig, die anderen vermuten, dass man in dunkle Geschäfte verwickelt ist und wieder andere glauben, man ist in einer üblen Branche tätig … Immer nach dem Motto: Es kann nicht sein, was nicht sein darf! Dabei machte und konnte ich nur eins: gut Karten spielen! Und dies besser als viele andere, aber auch, weil ich eben viel gespielt habe. Manchmal bis zu acht Stunden am Tag. Auch, weil ich es ernst genommen habe, mein Geld und damit mein Studium zu verdienen.

SELBST & STÄNDIG – DER RUF DER SELBSTSTÄNDIGKEIT

Aber wie gesagt: Die Entscheidung war gefallen und ich stieg zum Ende meines Studiums aus. Auch, weil ich wusste, es wird Zeit, sich neu zu orientieren und neu aufzustellen, neue Herausforderungen zu suchen und anzunehmen. Und so eine Challenge fand ich: in der Unternehmensberatung Roland Berger. Dort landete ich in einem Spin-off von ihm, eine ganz spezielle, wie für mich erschaffene und extra auf mich zugeschnittene Unternehmung, wo genau dieser Roland Berger als Beirat saß, und in der es sich ausschließlich um eine Sache handelte und drehte: Vermarktung im Bereich Sportmanagement! Bingo – das passte perfekt! Plötzlich hatte ich mit den Big Playern im Markt zu tun. Wir restrukturierten beispielsweise Bundesliga-Clubs wie Werder Bremen oder Borussia Dortmund, kreierten aus Non-Profit-Organisationen im Fußballbereich profitable Unternehmen. Wir halfen der Jugendförderung ebenso finanziell auf die Beine und erschlossen Konzepte, damit diese auch selber Geld für ihre anstehenden Aufgaben verdienen konnten, wie wir einfache Non-Profit-Vereine professionalisiert haben, damit sie eben Geld verdienen, was wiederum zurück in die Vereine fließen sollte, damit diese für ihre gemeinnützige Arbeit, wie z.B. die Jugendarbeit, gut aufgestellt waren und effektiv arbeiten konnten. Mein Steckenpferd dabei war primär die Vermarktung. Was heißt das? Ich suchte also Kooperations-Partner oder ich wollte Vermarktungspotenziale in den Produkten selber entdecken. Unter anderem war da der Bayerische Fußballverband, eine kleine regionale Institution unterhalb vom DFB, dem Deutschen Fußball Verband – immerhin der größte Sportverband der Welt. Wie soll man so etwas vermarkten? Wer ist bereit für so eine „not sexy

Institution" rund 350.000 Euro in die Hand zu nehmen und diese Summe zu investieren. Warum sollte jemand so etwas tun? Genau diese Antworten und Lösungen waren mein – wie ich finde – spannendes Aufgabengebiet, meine berufliche Herausforderung. Meine Welt drehte sich dabei um das Erkennen und das Herausarbeiten von Vermarktungspotenzialen. Was hat diese Institution, was bietet dieser Verband oder welch kleines Juwel versteckt sich in einem Verein, das sich mit einer guten Story verkaufen lässt. Ich habe damals in dem Unternehmen als Junior Consultant begonnen und nach knapp drei Jahren, also als ich 26 Jahre jung war, schon den Job des Projektleiters ausgefüllt. Warum? Weil wir in unserem Bereich fast schon Rekorde gebrochen haben. Denn wir waren innovativ, fleißig, voller Ideen und hatten das richtige Auge für die Entdeckung von versteckten, nicht offensichtlichen Potenzialen. Mit meinem Team zusammen haben wir wirklich eine große und großartige Performance hingelegt, die schnell im Markt ihre sichtbaren Spuren hinterließ. Das leicht Kuriose dabei: Mein damaliger Vorgesetzter im Unternehmen brachte mir eine Menge bei. Und ich lernte, sog alles wie ein Schwamm an Informationen und Know-how auf. Solange, bis wir beide nahezu auf Augenhöhe waren. Ich war oben angekommen, was das Können betraf. Und da spielte es keine Rolle, dass er gut fünf Jahre älter als ich war und mir entsprechend an Arbeitsjahren und Erfahrung die gleiche Anzahl an Jahren voraus war. Mit Fleiß, Freude am Tun, mit Engagement und Einsatz weit über das geforderte Maß hinaus und zudem mit überaus guten, bemerkenswerten Ergebnissen hatte ich mich mit „Training on the job" in seine Hemisphären hochgearbeitet. Eine Tatsache die er nicht nur registrierte und zur Kenntnis nahm, sondern die er auch akzeptiere und sogar freudig anerkennend befürwortete. Aus dieser Anerkennung meiner Leistung wurde zunehmend ein Vertrauensverhältnis, woraus sich wiederum ein neues Ziel, eine neue Herausforderung entwickelte: Wir beide beschlossen uns selbstständig zu machen. Wohl auch, weil er das notwendige Potenzial in mir erkannte, auch das, was ich noch gar nicht vollständig abgerufen hatte und was somit noch in mir schlummerte. Für meinen damaligen Boss waren das ideale Voraussetzungen – für mich aber ebenso, auch weil es eine gigantische Perspektive für mich war. Unterm Strich war es eine Chance für uns beide: Für ihn eine neue Herausforderung mit dem Bewusstsein, um das eigene Know-how und Leistungsvermögen und dazu mein Potenzial, was quasi dem Antrieb, dem Schub gleichkommt und somit die Unternehmens-Energie als Support und Triebfeder darstellt.

Uns war von vornherein bewusst: Was wir Großartiges für andere leisteten, konnten wir doch auch für uns selbst auf den Weg bringen. Das war der Plan. Vielleicht auch ein Resultat aufgrund von einer gewissen Perspektivlosigkeit in der bisherigen Unternehmung. Denn positionell, von der Karriere her und ebenso von der Gehaltsstruktur waren wir beide nahezu am Ende der Fahnenstange angekommen. Was also sollte uns noch motivieren? Was noch reizen und antreiben? Dabei hatte allein ich für mich noch so viele gute Ideen auf Lager. Da schlummerten in meinem Hinterkopf noch Konzepte, Inspirationen, Gedanken und Vorstellungen, Eingebungen, Intentionen, Bestrebungen und Projektvorhaben, die ich hier einfach nicht hätte umsetzen und realisieren können, dass der Schritt zu etwas Eigenem beinahe eine zwangsläufige Notwendigkeit wurde. Und ich wollte zudem meine Zeit effektiver nutzen, auch mehr Zeit haben. Für mich, denn der Drang in mir wurde immer stärker, mich in meiner Persönlichkeit weiter zu entwickeln, mir noch mehr Wissen und Können anzueignen und dies in harmonischen Einklang mit meiner

Persönlichkeit, die sich – wie wir heute wissen – aus 50 Prozent Temperament und aus 50 Prozent Charakter zusammensetzt. Wenn das kein Grund ist, intensiv an sich zu arbeiten.

Das geistige Rüstzeug hatten wir, das Können und die nötige Expertise besaßen wir ebenfalls – und ein entsprechendes Netzwerk obendrein. Mich begeisterte der Gedanke an meine künftigen Selbstständigkeit, auch, weil ich mir über meinen eigenen Wert bewusst war. Denn ich wusste, was ich kann, was sich zu leisten im Stande bin und dass ich vor allem einem Menschen auf dieser Erde vertrauen kann: nämlich mir selbst!

Selbstständig – ein großes Wort, vor dem ich bei aller Euphorie und bei allem Selbstbewusstsein dennoch großen Respekt hatte und bis heute habe. Respekt gemischt mit einer Portion Demut – denn nichts ist in dieser Welt selbstverständlich und kein Erfolg basiert auf Glück oder mit einem positiven Automatismus. Man muss sein Können so beherrschen, dass man es jederzeit abrufen und einzuschätzen weiß. Insofern: Was lag als Unternehmensberater, der ich ja nun einmal in meinem Genre war, näher, als hier meine Fähigkeiten anzuwenden, um mir letztendlich die Frage zu beantworten, was für eine Selbstständigkeit es werden sollte. Was wollten wir, was wollte ich tun? Was für eine Company mit welcher Ausrichtung in welcher Branche wollten wir gründen? Ich beriet mich als Unternehmensberater in diesem Moment einfach selber. So wurde ich zu meinem eigenen geschätzten Klienten. Also sondierten wir die Märkte, notierten unsere Skills, suchten die passende Schnittmenge. Und noch etwas kam uns dabei zugute: Denn in der Zeit, in der ich angestellt in der Unternehmensberatung tätig war, hatte ich noch die zusätzliche Energieleistung aufgebracht und auf meinen

Studienabschluss als Bachelor of Arts jetzt noch die Ausbildungskrönung für mich draufgesetzt: den Master of Arts, den ich parallel zum Job an der FOM Hochschule im Bereich BWL, Marketing und Management absolvierte. Eine zweijährige Weiterbildung mit abendlicher Präsenz, von der ich wusste, dass ich mir selber diese Ausbildung, diesen Titel und diese Kompetenzen dazu schuldig war. Wissen, welches ich auch jetzt gut und praxisnahe einsetzen konnte.

Eine Selbstständigkeit zu kreieren ist, unabhängig von der Marktsituation, auch immer die Frage nach dem „Was kannst Du besonders gut?", um den talentgerechten Einsatz der individuellen Fähigkeiten fokussiert zu berücksichtigen. Dabei wusste ich, dass ich einfach die Fähigkeit besitze, Gegebenheiten zu analysieren und daraus einerseits Chancen zu erkennen und ebenso zu kreieren. Aber andererseits weiß ich auch, wie ich dieses dann auf unterhaltsame, leichte, lockere und zugleich überaus seriöse Weise zu verkaufen habe. Das gelang mir schon bei einer so staubtrockenen Institution wie dem Bayerischen Fußballverband und das gelang mir ebenso bei den aufregendsten Projekten. Passion finde ich in beiden Bereichen, keiner davon überwiegt in meiner Präferenz. Auf der einen Seite recherchiere und analysiere ich in meiner Funktion als Unternehmensberater einen Sachverhalt, um zu erkennen, was ich aus meinen Ergebnissen machen kann. Doch auf der anderen Seite werde ich dann zum Sales-Manager mit serösen Entertainment-Avancen, um diese Erkenntnisse produktiv zu monetarisieren.

Es geht immer im Wesentlichen um die Beantwortung der Frage: Was ist zu tun, um erfolgreich ans Ziel zu kommen? Im Übrigen eine Frage, die ich mir in meiner Tätigkeit im Network-Marketing tagtäglich gestellt habe und immer wieder stelle: **„Was muss ich**

tun – was muss ich HEUTE tun – um erfolgreich zu werden und darüber hinaus vor allem um schneller erfolgreich zu werden?"

Zu dieser Frage musst auch Du Dir täglich die richtigen Antworten geben. Dies erreichst Du, indem Du Deine Herausforderung genau unter die Lupe nimmst, sie recherchierst, analysiert und dann die passenden Antworten herausfindest. Andere starten einfach mal drauflos, ohne Richtungen, ohne passende Antworten auf ihre Fragen, und dabei schauen Sie dann mal, was für ein Ergebnis dabei rauskommt. Pures Zufallsprinzip. Das ist ungefähr so wie Lotto spielen: Du kannst die richtigen Zahlen tippen – oder auch nicht. Genauso weißt Du bei einem ziellosen Unterfangen nicht, wo Du landest und ankommen wirst. Das ist für mich komplett kontraproduktiv, weil es im schlimmsten Fall demotiviert, viel Zeit kostet und nicht zielfördernd ist. So arbeitet kein Profi!

Für mich stand jedoch immer die professionelle Arbeit und Leistungsstruktur mit Leistungskultur im Vordergrund. Dies gepaart mit höchster Effektivität und Effizienz. Dabei darf aber der Unterhaltungsfaktor nicht zu kurz kommen, weil der Dein Produkt attraktiv werden lässt, um es erfolgreich vermarkten zu können. Das ist eine wesentliche Stütze im Sales-Process. Deswegen heißt es auch „unter-halten" und nicht „über-halten". Die Silbe „unter" macht nämlich hierbei deutlich, dass es sich um ein Support-Hilfsmittel handelt, man hält etwas darunter, und das tut man nur um etwas zu stützen, etwas abzusichern, etwas in Balance zu halten oder mitzutragen. Ja, manchmal ist es ganz hilfreich, wenn man sich ein Wort, das man gerade benutzt, genauer ansieht … Kurzum: **Mit dem Entertainmentfaktor wird der wertvolle „Das-muss-ich-haben"-Effekt beim Kunden effizient gefördert.**

Bei der Entwicklung unseres eigenen Unternehmens spielte aber noch etwas eine Rolle: Mein Partner und ich dachten einfach größer und weiter. Die Grenzen anderer haben mich noch nie interessiert. Raus aus dem Durchschnitt! Raus aus dem Mainstream! Gib der Enge und Begrenzung keine Chance. Das ist etwas für andere. Nicht für mich! Nicht für Dich! Bleibe nicht im Maulwurfshügel stecken, sondern grabe weiter, bis Du oben rausschauen kannst und die ganze Weite der vielen Möglichkeiten erkennst. **„Let possibilities shine further and brighter!“**

Auf dem Können und der Erfahrung meines künftigen Partners basierend, warf ich nun meinen Willen, meine Umtriebigkeit mit in die Waagschale und die Tatsache, das ich damals schon extrem gut vernetzt war. Du siehst, mein Netzwerk war auch hier ein wertiges Fundament, ein Pfund, mit dem sich arbeiten ließ. Denn ein Netzwerk und das aktive Netzwerken per se hatte bei mir schon immer einen hohen Stellenrang, weil ich darum wusste, wie wichtig und wertvoll Kontakte sind und sein können. Ob aus meiner Fußballzeit, meinem Studentendasein oder aus den Zeiten der Unternehmensberatung – ich habe meine Kontakte immer gehegt und gepflegt, bin mit allen im guten Kontakt, bin für sie da wie auch sie für mich und scharc täglich neue Menschen um mich herum. Wobei ich stets mein Netzwerk mit Bewusstsein erweitere, und nicht mit einer Art von Sammelleidenschaft. Denn mir ist klar, dass Menschen, die ja immer hinter einem Kontakt stehen, zugleich permanent die Möglichkeit mit sich tragen, die Eintrittskarte für etwas zu sein oder den Zugang zu etwas darstellen könnten, was für mich und meine Belange von größter Bedeutung sein könnte. Soviel kann ich Dir jetzt schon einmal verraten: Ich habe mir unter anderem die Profile von interessanten Menschen auf Xing oder LinkedIn angesehen, habe den direkten Kontakt gesucht, mich mit ihnen vernetzt, mich dann aber auch mit ihnen ausgetauscht und sie nicht einfach wie eine Sammlung abgelegt. Denn genau das ist wichtig: Man muss sein Netzwerk und jeden Bestandteil davon kennen. Genau das habe ich getan, wie einst mit meinen Panini-Fußballbildern. Ich habe meine Kontakte studiert, wusste ihre Positionen im Unternehmen, ihre Fachrichtungen, ihre Hobbys und kannte ihre Kommentare und Einschätzungen zu Fragen. Einfach gesagt: Ich kannte meine Kontakte. Meine Panini-Manier hat mir dabei sehr geholfen und ich weiß heute, dass ich von diesem zugegeben eigentümlichen Prozedere nicht wegkomme und auch nicht wegkommen will, weil es sich als überaus wertschöpfend und nützlich erwiesen hat. Kontakte im Panini-Stil zu pflegen ist ein mehr als probates Tool! Und das kann ich nur jedem empfehlen …

Social Media ist eine moderne und kostenlose Giga-Chance, die es zu nutzen gilt. Und ja, ich gebe es gerne zu: Ich nutze es, aber konsumiere nicht, weil das ein Part von meinem persönlichen Time-Management ist. Ich investiere ins aktive Connecten, poste Stories, stoße Kommunikation an, tausche mich aus, teile mich mit. Ich mache mich sichtbar für andere und werde so auch gesehen. Ob per Post, Kommentar, per Clip, Video oder Live – alles geht und daher heißt es auch für mich: Nutze, alles was geht! Sehen und gesehen werden, was dann einhergeht mit „Empfehlen und empfohlen werden“ – und dieser Vorgang ist ein mediales Phänomen, was sich als das beste Vertriebstool überhaupt herauskristallisiert: als Empfehlungsmarketing!

Ein Aspekt, der mir schon im Laufe meine Studiums auffiel. Marketing durch Empfehlung, also die bewusste Empfehlung eines Freundes. Es ist quasi die Kaufempfehlung mit Vorschusslorbeeren, nämlich der Empfehlung. Wobei wir uns darüber im Klaren sein müssen, dass der klassische Verkäufer, wie wir ihn noch vor 20 und mehr Jahren kannten, vom Aussterben bedroht ist. Wieso? Weil hier eine Art Paradigmenwechsel stattgefunden hat. Früher war der Verkäufer jemand von ungeheurem Wert, weil er alles das wusste, was ein Käufer wissen wollte. Auf dieser Tatsache basierte die Beratung, die Bedarfsanalyse im Verkaufsprozess und letztendlich auch der finale Verkaufsabschluss. Und heute? Da haben sich die Seiten gedreht, denn heute haben die Käufer das Wissen. Der klassische Verkäufer kann einem Kunden doch heute kaum mehr erzählen, als was der nicht schon ohnehin weiß. Mit ein Grund, warum früher Haustürgeschäfte beinahe an der Tagesordnung waren – heute geht in diesem Bereich nichts mehr. Sagte früher ein Verkäufer: „Ich weiß etwas, was Du nicht weißt ...!", dann war das schon so. Heute würde er dafür höchstens eher ein müdes Lächeln ernten und kassieren. Vor dem Hintergrund dieser Erkenntnis ist mir immer zunehmend die Bedeutung eines qualitativ hochwertigen Netzwerkes klar und bewusst geworden.

Setzt man nun aber so ein Netzwerk in Zusammenhang mit dem Business-Tool „Empfehlungsmarketing", dann ergeben sich daraus überaus neue und spannende Aspekte. Schon im Verlauf meines Studiums war ich von der Institution „Empfehlungsmarketing" fasziniert und entwickelte eine Art Bewertungsmatrix, die ich auch heute noch anwende. Diese macht es möglich, unabhängig von der jeweiligen Branche, durch Kunden generierte Empfehlungen so steuern zu können, dass sie realen und signifikanten Vertriebserfolg auslöst. Und vor allem: Wie kann ich den Erfolg aus einer Empfehlung messbar machen? Wie schaffe ich es im Vertrieb, dass ich einen

Kunden quasi nicht nur freundlich bitte, mich mal eben weiterzuempfehlen, sondern wie wird daraus ein greifbares, anwendbares Vertriebselement? Wie wird aus „nice to have“ ein planbares Tool? Ganz einfach: Indem ich es in mein Netzwerk mit einbaue, wo eine Empfehlung auf einen qualitativen hochwertigen Kontakt trifft.

Mit allen Vorkenntnissen, Analysen und den persönlichen Skills entwickelte sich mehr und mehr eine Geschäftsidee, die nun beinahe offensichtlich wurde: Mein Partner und ich wollten ein Maklerbüro der Spitzenklasse im Finanzdienstleistungssektor aufbauen. Die Idee dahinter: Wir machen ein Vergleichsportal – nur viel qualitativer und vor allem persönlich! Somit schlugen wir im Grunde genommen den umgekehrten Weg ein im Vergleich zum Mainstream, wo ja alles immer digitalisierter und somit auch anonymer wird und wurde. Unsere Kernzielgruppe dabei waren Frauen und Männer im Alter von 30-35, die gut bis sehr gut verdienten, aber im Bereich Anlagen und Versicherung eher unbedarft und weitestgehend ohne Kenntnisse waren. Ihnen wollten wir helfen, ihr Vermögen aufzubauen bzw. schon vorhandene Guthaben sinnvoll, wirksam in Form von hochwertigen Vermögensanlagen zu investieren – von der Immobilie bis zum Kapitalfonds. Wir waren echte Finanzberater mit höchstem Kompetenz- und Beratungsniveau, und dies mehr als seriös. Das allein schon war unser USP, das machte uns so besonders, aber vor allem die Tatsache, dass wir zu 100 Prozent im Sinne des Kunden gehandelt haben. Unser Büro in München war am Sendlinger Tor, eine Top-Adresse, die für sich sprach. Dabei hatte ich stets den Anspruch, dass jeder, der zu uns kommt, mit dem Betreten unserer Büroräume innerlich schon gekauft hat. Das Ambiente sollte für sich allein sprechen. Einen Anspruch, den ich bis heute pflege – auch im Network-Marketing. Wenn ein neuer Partner-Kandidat, im Call ist, dann geht es von Beginn an eigentlich nicht mehr um das „ob", sondern nur noch um das „wann und wie". Und das erreichen wir, weil wir die Voraussetzungen dafür schaffen. Das ist die ganze Kunst an diesem Vorgang, der kopierbar und damit duplizierbar ist.

Lass mich Dir ein simples Beispiel geben: In unserem Büro hing ein großer Flatscreen-TV an der Wand. Jeder, der unser Büro als Kunde betrat, sah dann als erstes: „Herzlich Willkommen Frau/Herr XY ..., schön, dass Sie da sind. Wir freuen uns Sie kennenzulernen", dazu noch ein freundliches Foto vom Kunden – das ist mehr als die halbe Miete, denn das ist persönliches Ambiente, das ist warme Psychologie und Geborgenheit auf ganzer Linie. In nur einem Bruchteil eines Augenblicks erkennt der Kunde ein Höchstmaß an Wertschätzung, und schon fangen seine Glückshormone an zu springen. Und die Lust am Kaufen wird gesteigert, was auch den Verkäufer in diesem Zusammenhang motiviert. So kreiert man ein Momentum, weil an den anstehenden Fragen und Herausforderungen quasi von vornherein ein grüner Haken gemacht wird. Und das alles nur, weil passende Voraussetzungen geschaffen wurden. Der erste Augenblick ist immer der entscheidende. Hier muss alles stimmen. Danach kann ich reden und mich abstrampeln wie ich will, aber die ersten Impressionen bekomme ich – auch mit noch so viel Argumentation und Wortkunst – kaum wieder in eine andere Richtung gewendet. Nicht umsonst gibt es die sogenannte Vier-Sekunden-Regel: Vier Sekunden in denen wir einen Menschen in eine Schublade sortieren, in denen wir Kauf- oder Nicht-Kaufentscheidung treffen und in denen wir über Sympathie oder Antipathie entscheiden. Und dies, ohne zuvor auch nur ein Wort miteinander gewechselt zu haben. Diese Regel haben wir uns zunutze gemacht, in dem wir eben beste Voraussetzungen geschaffen haben und die dafür verantwortlich waren, dass beim Betreten des Büros alle Signale auf positiv, auf grün, auf Erfolg ausgerichtet waren. Und es war die Basis unserer Performance: Ich bin sehr stolz, heute noch, sagen zu können, dass wir eine nahezu hundertprozentige Abschluss- und Erfolgsquote hatten.

Natürlich muss nach den kreierten optimalen Voraussetzungen auch der Rest stimmen, keine Frage, denn sonst funktioniert gar nichts. Der TV-Bildschirm allein nützt nichts, wenn das Paket dahinter nichts taugt. Ja, unsere Beratungen waren auf bestem und höchstem Niveau, die Dienstleistung war perfekt und der Service war unschlagbar. Aber das ist beinahe selbstverständlich. Das muss Basic sein! Aber Team und System müssen matchen. Das gilt auch im Network-Marketing. Das ist der USP. Diese beiden Faktoren machen den Erfolg einer Company aus – die Menschen und das duplizierbare System. Denn das beides macht es erst möglich, dass man die Regel einhält: „Was einmal gut funktioniert, funktioniert auch zweimal gut …!" Daraus erst ergibt sich die positive Prozesskette, die den großen Erfolg möglich werden lässt. Das muss geschafft werden. Etwas, was damals für unser Makler-Unternehmen galt, und was heute für mein Network-Marketing-Unternehmen genauso gilt. **Gleicher Prozess im gleichen System mit gleich guten Voraussetzungen – das ist der Garant für beste Business-Resultate.**

Mit diesem eingespielten System, unserem Team, unserem Knowhow und dem Wissen um die Bedeutung von Empfehlungsmarketing haben wir in unserem Makler-Unternehmen aus wenigen zufriedenen Kunden viele zufriedene Kunden gemacht. Denn eins war uns von vornherein klar: Wir wollten nicht um Geschäfte betteln oder von Haustür zu Haustür gehen und Klinken putzen. Das war nicht unsere Vorstellung von hochwertigem Business. Aber durch die Definition der Zielgruppe und der konsequenten Anwendung von Empfehlungsmarketing haben wir das Ziel erreicht, dass die Kunden zu uns kamen und nicht wir zum Kunden mussten.

Ich kann also sagen, wir haben von Beginn sehr viel richtig gemacht und ebenso zügig unser Unternehmen erfolgreich zum Laufen gebracht. Team und System funktionierten bestens. Doch da passierte es: Mein bester Freund aus meiner alten Poker-Runde meldete sich bei mir mit den Worten: „Andreas, ich habe da was für dich, das muss ich Dir unbedingt zeigen …!"

START IN EINE VÖLLIG NEUE BUSINESSWELT

Oh man, gerade jetzt, wo ich mit meinem Partner im steilen und aktiven Aufbau unseres Unternehmens war. Aber ich wusste, dass mein lieber Freund immer einen Riecher für Chancen hatte und wollte mir seine „Empfehlung“ daher nicht entgehen lassen. „Okay, worum geht's“, wollte ich wissen. Kein langes Hin und Her – er vereinbarte ein Meeting mit mir. In München, das war meine einzige Vorbedingung, denn meine Zeit war zu knapp und kostbar, um sie mit sinnloser Fahrerei zu vergeuden. Gesagt, getan, der Termin wurde datiert. Natürlich war ich pünktlich, als plötzlich die Tür aufgeht und Mann von maximal 1,65 Metern Länge, mit langen schwarzen Haaren und in Lederjacke gekleidet hereinkommt. Ein recht unscheinbarer Österreicher, der für diesen Termin extra aus Villach in Kärnten angereist war. Und was macht er? Er erzählt mir von einem einzigartigen Geschäftsmodell mit Namen Network-Marketing! Ein Treffen im Sommer 2014, das ich niemals wieder vergessen werde. Großartig, was für ein Timing – gerade habe ich meine erste eigene Firma an den Start gebracht, alles dabei basiert auf Empfehlungsmarketing und jetzt kommt dieser Mensch und präsentiert mir Network-Marketing. Unfassbar! Ja, ich hatte schon mal so latent von diesem Business gehört, hatte mich aber niemals damit befasst, geschweige denn, dass ich das System gekannt oder gar begriffen hätte. Aber, und das will ich an dieser Stelle betonen, ich war auch niemand, der zu dieser Branche ein Vorurteil jeglicher Form hatte. Jedenfalls ist der doch eher ungewöhnliche Mann, der mir gerade gegenüber saß, am Erzählen und Schwärmen und plötzlich fällt die Vokabel der Vokabeln: Empfehlungsmarketing! Meine Ohren waren schlagartig auf Empfang gestellt. Immerhin hatte ich ja meine Master Thesis über genau dieses Empfehlungsmarketing für ein großes deutsches Telekommunikations-Unternehmen geschrieben. Der Titel lautete: Wie durch gezieltes Empfehlungsmarketing ein signifikanter und zielgerichteter Umsatz generiert werden kann!"

Und on top überreicht er mir nur Sekunden später noch eine kleine Broschüre und was lese ich dort als erstes am oberen Heftrand? Empfehlungsmarketing! Da war es wieder – dieses Zauberwort im Vertrieb. „Verkauf und Vermarktung durch Empfehlung!" Ich konnte es kaum glauben. Währenddessen ist der Gast aus Villach weiter am berichten von den Möglichkeiten, zeichnet diverse Skizzen auf und will mir nun deutlich machen, welche Chancen auf mich warten. Produktgeber war eine kleine Unternehmung, die als Kernprodukt ein Pulver aus Lavastein im Portfolio hatten, das man mit Wasser verrührt und womit man dann „detoxen" kann. Ziemlich unsexy, vor allem, wenn man gerade eine erfolgreiche Unternehmung in einem aufregenden Umfeld gestartet hat. Doch letztendlich fand ich das Produkt, die Verpackung und auch die Company dahinter mehr als zweit- oder gar drittrangig. Viel mehr touchte mich die Geschäftsidee, nämlich aus zwei Geschäftspartnern im Endeffekt 50.000 Partnerinnen und Partner zu machen. Dieser unscheinbare Mann zeigte mir eine einzige Rechnung, die er auf seinem Block niederschrieb und genau in die habe ich mich vom Fleck weg verliebt. „Stell Dir vor, Du findest zwei Menschen und nur einen Monat weiter, hilfst Du diesen beiden selbst zwei Menschen zu finden, die dann den Monat drauf ebenfalls wiederum zwei Menschen für sich gewinnen, denen ihr auch helft, zwei weitere Menschen zu finden ...!" Mathematisch gesehen eine klassische Potenzierung, die beinahe in der Unendlichkeit endet. Und ich saß da, und traute meinen Augen kaum, auch, weil ich sehr schnell erkannte, wie schnell sich hier eine gewaltige Menge an Geschäftspartnern aufbauen ließ und was für ein gigantischer Hebel dieses System darstellt. People-Business, Empfehlungsmarketing, grenzenlose Freiheit – auf einmal wurde mir bewusst, dass ich alle Schalter und Werkzeuge urplötzlich komplett in der Hand halte, von dem, was mir geschäftlich viel bedeutet. Und ich konnte fast gar nicht anders und antwortete: „Wenn nur zehn Prozent von dem stimmt, was ich heute hier erfahren habe, dann bin ich dabei und steige mit ein!“

Schon hatte ich einen Account für diese meine erste Network-Marketing-Company, und wagte meine ersten Schritte parallel zu meinem Dasein als Geschäftsführer meiner eigenen Unternehmung im Network-Marketing. Zugegeben, ich betrieb das Geschäft nebenbei und somit nur mit angezogener Handbremse. Quasi Network-Marketing light! Hier mal mit ein paar Leuten drüber reden, dort mal ein bisschen Vertrieb machen. Da passierte eins: Ein paar Monate später loggte ich mich in meinen Account ein. Eigentlich mehr so „just for fun“ und zum ersten Mal überhaupt. Was ich da sah, konnte ich kaum fassen: Rund 6.000 Euro waren da als Guthaben bzw. als verdiente Provision gelistet. „Wie geht das denn?“, schoss es mir durch den Kopf. Was passiert hier gerade? Ich habe doch kaum etwas getan, und dennoch habe ich so eine Summe für so wenig Arbeit erhalten? Ganz ehrlich, ich hatte doch nur mit ein paar Leuten geredet, das war doch keine wirkliche Arbeit. Und ein zweiter Gedanke schoss mir sofort durch den Kopf: Wenn man mit so gut wie keiner Arbeit schon so ein Ergebnis bei den Provisionen erzielt, wie sieht die Zahl denn erst aus, wenn man wirklich Vollgas gibt und sich richtig engagiert? Ich war so erstaunt und verwirrt zugleich, dass ich mir vorsichtshalber erst einmal schnell die 6.000 Euro gesichert habe, und danach begann ich damit, mir den Provisionsverlauf sehr genau anzusehen, um zu erkennen, wie diese Summe zustande gekommen war. Yes, als mir das alles klar wurde, da war die Begeisterung grenzenlos. Ich war „entzündet“, brannte innerlich lichterloh vor Begeisterung, habe aber dennoch ebenso gewissenhaft den Erfolg meiner eigenen Firma vorangetrieben. Dies auch, indem ich viel Wissen und Know-how aus meiner Network-Tätigkeit in mein Makler-Unternehmen einfließen ließ. Beides ergänzte sich und so konnte ich „Das Beste aus beiden Welten“ kombinieren. Aber um es deutlich zu sagen: Ich wollte niemals in meinem Unternehmen das Network-Marketing-System installieren. Das war keine Option und das habe ich auch niemals gemacht. Dennoch hatte das neue Business viele Inhalte und daraus resultierende Ergebnisse, die sich wieder ideal nutzen, anwenden und einsetzen ließen, wenn es um meine Makler-Firma ging. Ebenso studierte ich regelrecht die schillernde Welt des Network-Marketings, allen voran durch das Lesen der Erfolgsliteratur in dem Genre. Ja, ich kann heute sagen, ich habe Network-Marketing im Selbststudium erlernt und geradezu wissenschaftlich analysiert. Können, Wollen, Tun – da war es wieder. Glaube mir bitte, über diese Branche wusste ich plötzlich alles. Die Theorie hatte ich eins zu eins verinnerlicht. Und ja, nebenbei verdiene ich ein paar Euro hinzu. Unabhängig von der Summe wurde mir aber peu à peu immer bewusster, dass dieses ungewöhnliche, außergewöhnliche und ebenso faszinierende Geschäft funktioniert. Eine Erkenntnis, die sich zunehmend in mir festsetzte. „Da geht was und da geht viel mehr …!“ tickte es in meinem Kopf …

In mir reifte die Gewissheit und die Notwendigkeit, eine Entscheidung zu treffen. Aber auch mein Mindset neu auszurichten. Ich war mittlerweile 30 Jahre alt, war verheiratet und meine Tochter kündigte ihre Geburt an, die, um es vorweg zu sagen, nicht wirklich einfach war. Und die mich stärker als vermutet geprägt und beeinflusst hat. Neun Monate habe ich neben meiner Frau gelebt, habe ihre Schwangerschaft wahrgenommen, aber nicht wirklich miterlebt. Sie wurde Mutter, wir wurden Eltern – aber wurde ich Vater? Warum ich diese Fragen stelle? Weil mir plötzlich bewusst wurde, dass ich in meiner Businesswelt verhaftet war. Dort tauchte ich ganz ein – und auch unter. Von der Schwangerschaft meiner Frau habe ich rückblickend betrachtet so gut wie nichts miterlebt. Umso wertvoller, prägnanter und ausschlaggebend waren die finalen Momente der Geburt meiner Tochter, bei der alles auf des Messers Schneide stand und meine Ella die Siegerin des Augenblicks wurde. Ich fiel auf die Knie, dankte unserem Herrgott, war glücklicher als glücklich und ebenso zerrissen in der Frage: Wie gehe ich fortan durchs Leben? Denn da wurde mir klar, wie geradezu respektlos ich mit meiner geschenkten Zeit auf dieser Welt umgehe bzw. bisher umgegangen bin. Mein bisheriges Leben im Business, dort, wo ich mich bisher ausschließlich befand. Wie wichtig war mir dies und wie wichtig sollte es bleiben? Fragen über Fragen, die in nur Bruchteilen von Sekunden nahezu auf mich einprasselten. Und die eine Entscheidung erforderten. Eine Weichenstellung und ein Umdenken. Es war, so monumental es sich anhört, eine Erleuchtung, eine regelrechte Bewusstseins-Offenbarung, die sich da in mir ausbreitete: Ich wusste einfach in diesem Moment die richtige Antwort: Ich werde ab sofort mein Leben leben. Ein Leben ganz nach meinen Vorstellungen und dies, ohne einen Hauch von Kompromissen. Mit allem, was dazu gehört, insbesondere mit einem Höchstmaß an Sinnhaftigkeit. Zugleich wurde mir bewusst. Ja, ich war damals zwar Unternehmer mit einer eigenen Company, die mir mit 50 Prozent Anteilen gehörte – aber ich hatte mir wieder mein eigenes Hamsterrad gebaut. Eines, das mich gefangen hielt.

Meine Tochter ist heute mein lebendes Lesezeichen! Sie erinnert mich unentwegt an diesen einen Moment, wo ich meine Entscheidung getroffen habe. Sie ist heute auch meine Orientierung, denn durch sie hinterfrage ich mich stets, ob ich meiner Entscheidung noch treu bin oder ob Gefahr droht, dass ich vom Weg meines Lebens ohne Kompromisse abweiche.

Nur zwei Monate später wurde ich noch zum Jung-Makler des Jahres auf der DKM in Dortmund gekürt, der Fachmesse für die Finanz- und Versicherungswirtschaft in Deutschland. Ein großes Forum, eine große Ehre und eine noch größere Belohnung für getane Arbeit. Tausende Menschen, die mir applaudierten und dazu ein opulentes Rahmenprogramm. Doch kaum hatte ich die Urkunde erhalten und die Auszeichnung entgegengenommen, da stand für mich fest: Das war's! Mit dieser Auszeichnung wurde mir bewusst, dass mehr schlicht und einfach nicht mehr geht. Das war nicht mehr zu toppen. Ich war angekommen und dennoch wusste ich ebenso, ich will so nicht mehr weitermachen – trotz des großartigen Erfolges. Ich wollte raus aus dem Hamsterrad, aussteigen aus dem Modell „Zeit-gegen-Geld-tauschen". Es gab neue Prioritäten in meinem Leben – allen voran meine damals gerade geborene Tochter.

Zum Jahresende machte ich Nägel mit Köpfen und ließ meiner Ankündigung hin Taten folgen. Ich verkaufte also meine 50 Prozent Anteile an unserem Maklerunternehmen und ich zog mich aus dem Geschäft komplett zurück, um mich von nun an nach einem tiefen Durchatmen auf das Businessmodell des 21. Jahrhundert zu fokussieren: Network-Marketing! Ich ging über zu Plan B als mein Plan A sich für mich erledigt hatte, obwohl er ja funktionierte.

Im Januar 2017 wurde quasi aus Spaß Ernst, denn nach meinen bisherigen sanften Trainingsläufen im Network-Marketing und dem Sammeln von diversen Erfahrungswerten, startete ich durch: Hallo Network-Business, ich komme! Let's go for it! Und dazu wechselte ich zunächst einmal mein Partnerunternehmen, weil ich glaubte, mit einer neuen, vor allem größeren Company neben dem Re-Start auch ein noch höheres Maß an Professionalität in Bezug auf Reichweite und Größe erreichen zu können. Also griff ich zum Telefonhörer und rief im Chefbüro meiner bisherigen Partner-Company an. Auf diesem Wege möchte ich meinen allergrößten Dank und meinen ebenso größten Respekt aussprechen. Meinem „Erst-Sponsor" allein ist es nämlich zu verdanken, dass ich im Network-Marketing-Business eine so wunderbare berufliche Heimat gefunden habe. Immerhin war er es, der mich damals zu diesem faszinierenden Geschäft inspiriert und zu meinen ersten zaghaften Aktivitäten geführt hat. Sein kleines, aber ebenso feines Unternehmen in Österreich ist mir bis heute genauso ans Herz gewachsen, wie er als Mensch und Kollege. So gesehen, fiel es mir nicht leicht, ihn von meinen Absichten zu informieren. Dennoch hatte mein „Network-Lehrmeister" Verständnis für meine Entscheidung und wir sind bis heute in Kontakt.

Ich wollte eine Company, die neben interessanten Produkten vor allem eins hat: Strukturen! Fündig wurde ich im Mutterland des Network-Marketing, in den USA. Und dies bei einem Unternehmen, welches sich auf Nährstoffe fokussiert hatte, die auf Samen basieren. Eine Network-Company von mittlerer und damit für mich überschaubarer Größe, die für mich noch entsprechenden Platz hatte, in der ich mich jedoch nicht gleich verlor. Wobei ich aber dennoch die Chance besaß, die Nummer 1 des Unternehmens zu werden. Und da ich jemand bin, der, wie schon erwähnt, lieber größer als andere denkt, musste diese Möglichkeit für mich gegeben sein. Und genau so war es auch ...

Ich startete durch, machte meine ersten Network-Calls in meinem Netzwerk und erlebte aufgrund meiner hervorragenden Reputation ein grandioses Feedback. Mein erste Firmenpräsentation, quasi mein eigenes, erstes selbstinitiiertes Network-Event, besuchten rund 75 Gäste von denen sich noch am gleichen Abend 22 Leute einschrieben. Da war er – der Wow-Faktor des Network-Marketing-Business'. Ich kann es auch anders ausdrücken: An meinem ersten richtigen, hauptberuflichen Network-Marketing-Day hatte ich auf einen Schlag etwa 5.000 Euro verdient. Ein Wert, eine Summe, die für sich spricht – und für das System. Mit diesen besagten 22 Menschen bin ich dann im Januar 2017 in ein neues Leben und vor allem in ein neues Berufsleben gestartet. Für mich begann eine komplett neue Ära – **kompromisslose Selbstständigkeit mit absoluter Selbstbestimmung und grenzenlos unternehmerischer Freiheit!**

Unter uns: Mein vermeintliches Erfolgsrezept an diesem Abend: Ich habe nicht selber präsentiert, sondern habe es von Kollegen, die gut darin waren und die ich nach München geholt hatte, präsentieren lassen. Das ist „passiver Aktivismus“ – eine Methodik, die ich gerne nutze und einbringe. Was so viel heißt, ich gehe in den Hintergrund und meine Aktivitäten zeigen sich durch passives agieren aus. In dem konkreten Beispiel habe ich also „erfolgreich präsentieren lassen“, genauso wie ich nicht verkauft habe, sondern stets kaufen ließ durch die Schaffung von perfekten Voraussetzungen. Das aktive Tun mutiert bei mir zum „aktiven tun lassen“ – und das hat rein gar nichts mit Bequemlichkeit zu tun, sondern ist vielmehr ein wertvolles Instrument bei der Zielerreichung. Ich lasse kaufen, ich lasse starten und ich lasse auch sponsern. Ich glaube einfach an die Macht der 3. Person! Auch, weil ich es auf diesem Wege erreiche, anderen mustergültig zu edifizieren, ihnen somit die volle Wucht der Ehrung und der Lorbeeren zugute kommen lasse. Lieber überlasse ich andere den Ruhm, auch, weil ich anderen den Erfolg gönne. Hinzu kommt meine Einstellung zum Erfolg, denn ich akzeptiere und toleriere nicht nur höchst erfolgreiche Menschen neben mir, nein, ich fördere sie sogar darüber hinaus. Weil ich meine Partnerinnen und Partner aus meiner Downline liebend gerne besser ausbilde und erfolgreicher mache, als ich es selber bin oder jemals war. Das gereicht mir zur höchsten Freude und Genugtuung. Ich gehe nicht voran, ich schiebe aus dem Hintergrund vor – das Resultat ist ziemlich gleich, nur dass ich auf diese Weise alle anderen mitnehme. Im Endeffekt bildet sich auf diese Art und Weise ein kraftvolles, energiegeladenes Team, das nach innen zusammenhält und nach außen Strahlkraft besitzt – eigentlich das ist schon mehr „gelebte Team-Kultur" als bloßer Spirit.

Anderthalb Jahre habe ich in dieser besagten Company aufgebaut, habe viel Herzblut in mein Business gelegt und habe mein hundertprozentiges Fulltime-Dasein als Networker mehr als genossen. Netzwerke erschließen, Menschen ausbilden, sie fördern und sich selbst an den Besten orientieren. Um das in die Praxis umzusetzen, habe ich mir ganz bewusst Vorbilder gesucht. Keine Idole, sondern erfahrene und ebenso erfolgreiche Networker, von denen ich lernen und von deren Expertisen ich partizipieren konnte. Von allen diesen Stars der Branche habe ich mir das Beste rausgesucht, habe sie quasi alle durch meinen ganz persönlichen Filter laufen lassen, um ihre idealen Essentials zu gewinnen. Warum sollte ich das Rad neu erfinden, wenn es andere schon vor mir getan hatten? So aber konnte ich meinen ganz eigenen „Erfolgszaubertrank“ anrühren. Ich nahm meine Personality, mein Wissen, mein Können und fügte von den besagten anderen genau das jeweils Beste hinzu und rührte so ein Elixier an, dass nur eines letztendlich als Resultat in seiner Wirkung haben konnte: Erfolg in seiner reinsten Form!

Stück für Stück baute ich so an meiner Vision, den vielleicht perfektesten Networker zu erschaffen, der aktuell möglich ist. Den idealen Networker aus Fleisch und Blut, mit Armen und Beinen, mit Hirn und Herz. Den Roger Federer unserer Branche, den Michael Jordan des Networks, den Christiano Ronaldo alias „CR7“ in meinem Business. Wieder beriet ich mich als Unternehmensberater selber, analysierte die Situation, beurteilte, wie weit ich von meiner Vision entfernt bin, was noch fehlt und was zu tun ist. Und ich hinterfragte mich auch selbstkritisch, ob ich gedanklich über das Ziel hinaus schieße oder ob eine reale Chance besteht, aus der Vision Realität zu machen. Kann ich mein Ziel überhaupt erreichen? Und je länger ich die Ergebnisse meiner Analyse studierte, desto klarer wurde mein Urteil: Ja, es ist machbar, es kann funktionieren und ich bin mitten auf dem direkten Weg dorthin. An dieser meiner Einschätzung hat sich auch bis heute nichts geändert, nämlich das sich es mit einer ureigensten Art und Weise schaffen werde, ein Netzwerk in unserer Branche aufzubauen, dass so viel Volumen produziert, dass mein Team und damit auch ich zu den absoluten Mega-Top-Networkern in der gesamten Welt gehören werde. Aber, und dieses „aber“ ist sehr bedeutsam und liegt mir in seiner Definition am Herzen: Ich will dieses Ziel erreichen, nicht aus Gründen einen eigenen übergroßen Egos heraus oder weil ich das brauche. Nein, das wäre ein viel zu profanes Ansinnen. So ist meine Motivation nicht ausgerichtet. Sondern vielmehr, weil es mir gelungen ist, vorher die entsprechenden Voraussetzungen zu schaffen. Nämlich, weil ich es geschafft habe, ein System zu implementieren, das über Jahre und Jahrzehnte funktioniert und diese Leistungperformance ermöglicht. Im Grunde genommen kann sich niemand vor diesen Spitzen-Ergebnissen mehr wehren.

Diese Vision hat mich damals angetrieben und sie tut es noch heute in unvermittelt gleicher Stärke, wo ich weiter auf meinen „Weg zur Realisierung meiner Vision“ bin. Damals, in meiner Network-Start-Company spürte ich schon, was möglich ist. Ich gab alles, baute unentwegt weiter auf, nahm alle Hürden und Herausforderung bereitwillig an, lernte dabei und arbeitete wirklich extrem hart. Ein Top-Monatseinkommen von rund 20.000 Euro war der Lohn für dieses Engagement. Eine Flughöhe, die sich nach anderthalb Jahren im Network-Marketing-Business schon sehen lassen konnte. Aber ich spürte zugleich, dass mein Drang voranzukommen, neue Level und Dimensionen erreichen zu wollen – und auch zu können – überaus limitiert in dieser Company war. Insofern wurde ich nahezu gezwungen, neue Gedanken zu fassen, neue Pläne zu schmieden und halt umzudenken. Wollte ich in der Company stagnieren? Oder wollte ich mit ihr vielleicht sogar ein Stück weit untergehen? Wäre ein Verbleib loyal oder doch eher falsche Loyalität? Oder gehe ich es an und suche mir, auch mithilfe meiner positiven Reputation neue Opportunities in der Branche? Oder sattel' ich um und mache komplett etwas anderes? Letzterer Gedanken hatte jedoch im Grunde genommen kaum eine Chance in meinen Überlegungen, denn ich wusste im Endeffekt, ich will in der Network-Branche bleiben, da es meine absolute Berufung ist. Also schaute ich mir andere Unternehmen, weitere attraktive Player im Markt an. Eine neue Zeit der Analyse war gefragt. So stellte ich mir eine Excel-Liste zusammen und checkte ein Network-Unternehmen nach dem nächsten auf Herz und Nieren. Da war er wieder: der Unternehmensberater! Ich analysierte den Markt, die Produktwelten, die wirtschaftliche Performances der Companys und die entsprechenden Perspektiven. Eines wurde mir dabei schnell bewusst: Der nächste Schuss muss sitzen. Das war ich auch meinem Team gegenüber schuldig. Denn dem konnte ich einmal gegenüber glaubhaft vermitteln: „Hier und jetzt geht es nicht weiter, wir müssen uns umorientieren, weil wir in einer Sackgasse stecken und deshalb fortan einen anderen, einen neuen Weg gehen müssen. Und ich habe eine Lösung für Euch, eine passende Gelegenheit …!“

Es dauerte kein halbes Jahr und meine an mir selbst vollzogene Unternehmensberatung nebst meiner durchgeführten Analyse führte zu einem klaren Ergebnis – meine heutige Partner-Company, ein Global Player im Markt. Ausgestattet mit einer Größe, der ich zum Zeitpunkt des Wechsels nun auch aufgrund von der Qualität des Teams und eigener gemachter Erfahrung gewachsen war. Es ist eine Unternehmung, die einfach ausgedrückt, auf mein Idealbild am besten gepasst hat. Wie eine Schablone, die 1:1 deckungsgleich ist. Produktpalette, Geschäftsplan, Kompensation, Unternehmens-Corporate Identity, Image, Struktur und Stakeholder, Shareholder und Zukunftsperspektive, aber ebenso Team und System – das alles passte ideal auf mein erstelltes Target.

Über diesen Weg fand ich zum einen die für mich perfekte Company, aber ebenso das richtige Team. Eines, bei dem eine hervorragende Online-Schulungsplattform vorhanden ist, wo man sich einmal einloggt und alles, was wichtig ist lernen kann. Wo aber andererseits auch der Faktor Mensch einen überaus hohen Stellenwert besitzt, was auch durch die Events deutlich wird. Hier vereint sich herausragender Content mit extremer Wertschätzung. Vor allem zählt hier die Ausbildung, ihre Qualität und die Maxime, Menschen zu halten, sie mit Werten und Wissen zu binden. Es geht nicht um den „Hit and run"-Prinzip, nach dem Motto „Sponser' soviel wie möglich, um die Menge an Partnerinnen und Partnern zu kompensieren, die durch falsches Management wieder aus dem System herausgefallen sind!". Im Gegenteil, und das war schon immer mein Motto: „Von Beginn an richtig akquirieren und sponsern, um so auch die eben richtigen Partnerinnen und Partner auf dem Weg zu halten, um sie alle an mich, an das Team, an die Company und an das System zu binden und dies unter dem Dach des Wohlfühlens und einer wunderbaren Gemeinschaft. Natürlich wird es immer Menschen geben, die man einmal für sich und das Business begeistert hat und die dennoch wieder neue Chancen und Herausforderungen suchen. Aber das ist nicht mein Trigger, nicht mein Hebel. Neue Leute zu suchen und zu finden, ist reine Fleißarbeit. Das ist pures Tun. Das Können aber entsteht in der Phase, wo es darum geht, sich darüber bewusst zu sein, wie viele Menschen will ich denn überhaupt weiter- und voranbringen? Wie viele will ich erfolgreich machen? Wie viele kann ich überhaupt an die Spitze führen? Genau hier ist der Hebel zu finden. Schaffe ich es, dass möglichst viele an ihrem Traum festhalten können und werden? Wie viele Menschen hast Du gut vorbereitet und hast sie in ihrer Persönlichkeitsentwicklung unterstützt. Heißt also: Wie viele werden in Deinem Team bleiben? Das ist die stets alles entscheidende Frage. Das ist ähnlich wie Geld verdienen und Geld behalten – zwei Seiten einer Medaille! Diesen Sachverhalt kann man so zu 100 Prozent auf das Network-Business übertragen. Niemand ist vermögend, wenn er viel Geld verdient, er ist es aber wenn er viel Geld behält. Ein kleiner, feiner, aber ebenso entscheidender Unterschied. Und so verhält es sich mit dem Sponsoring neuer Partner und Partnerinnen. Es geht im Network-Marketing eben nicht darum, permanent der eigenen Downline unentwegt massenhaft neue Leute zuzuführen. Sondern der Augenmerk muss darauf liegen, die richtigen Frauen und Männer zu binden und dies vor allem, durch eine hochwertige Ausbildung, durch Wissenstransfer, durch Empathie, durch Teamspirit, durch Gemeinsamkeiten und dadurch, sie erfolgreich zu machen.

Der Schlüssel liegt doch darin, eine ernsthafte Beziehung zu Menschen aufzubauen. Wenn ich das beabsichtige, dann geht es doch gerade zu Anfang nicht gleich vordergründig darum, mit ihm nur Geld verdienen zu wollen. Es geht mir vielmehr darum, einen Gewinner zu produzieren, ihn zu einem Sieger zu machen. Mein Bild von Network-Marketing sagt mir: **„Produziere so viele Gewinner wie nur möglich, dann wirst Du selber gewinnen. Helfe zudem so vielen wie möglich Erfolge zu feiern, dann wirst Du den Erfolg im Ergebnis haben!“** Allein darum geht es. Warum soll ich am ersten Tag mit einem neuen Partner oder einer neuen Partnerin ein paar Cents verdienen, wenn ich kurze Zeit später mit ihm viele Euros verdienen kann und werde? Das Spannende am Network ist, und das wird oftmals vergessen oder vernachlässigt, dass man in eine andere Perspektive geht. Der andere, der Dir gegenübersteht, der muss als neues Mitglied Deines Teams so interessant für Dich sein, dass Du umgehend begreifst: **„Wenn sie oder er erfolgreich wird, dann werde ich es automatisch auch!“**

Dreht man die Sichtweise, wird es vielleicht noch deutlicher, weil die Aussage noch drastischer ist: „Wird die oder der andere nicht erfolgreich, weil ich mich nicht ausreichend interessiere und kümmere, dann war der bisherige Zeit-Invest auch vergeblich, weil ich selber auch keinen Erfolg davon haben werde. Denn ich partizipiere am Erfolg und ebenso am Misserfolg des anderen!“ Insofern sollte man sich stets gut überlegen, in wen man Zeit investiert, wieviel und was man mit ihr oder ihm macht, damit in kürzester Zeit so viel Wissen wie nur möglich von mir auf den anderen übergeht. Denn so wird vermieden, dass andere meine eigenen Fehler wiederholen, was eine enorme Zeitersparnis darstellt – für beide. Denn: **Die Zeit des anderen ist viel zu wertvoll, um die Fehler zu begehen, die ich selber schon begangen habe.** Heutzutage haben Menschen keine Zeit mehr für überflüssige Experimente, das muss jedem in der Network-Marketing-Welt bewusst sein. Deshalb ist die „Fastlane“ die richtige Spur und die heißt „Erfahrung“, „Ich hab es gemacht und probiert“, „Proof of concept“ und „Know-how-Management“, indem dieses Wissen in richtigen Portionen und Dosen zum jeweils richtigen Zeitpunkt verabreicht bekommt. Diese Dosierung hängt dabei nicht allein von mir ab, sondern ist eine Frage des Systems, das ich kreiert habe. Eine Toolbox, in der dargestellt wird, was wir für Erfolge haben, was im Skill-Setting als auch in der Persönlichkeitsentwicklung an Kompetenzen erforderlich sind. Wir ventilieren Fragen des Brandings, weil Networking auch Unternehmensführung ist. Diese professionelle Sichtweise ist richtig und wichtig. Denn ich betrachte jeden einzelnen Networker als ein Unternehmen per se. **„Feed the winner to success!“**

Wenn wir in diesem Buch das Thema Networking und Netzwerken besprechen, dann muss man sich doch darüber im Klaren sein, dass sich die Ernsthaftigkeit im Vordergrund befindet, wie ich einen Kontakt, hinter dem immer ein Mensch steht, behandele. In allererster Linie muss ich ehrliches Interesse haben. Wen habe ich da vor mir?

Wer ist die- oder derjenige und was macht ihn aus? Ganz wichtig: Kenne ich seine wirklichen Bedürfnisse? Kenne ich seine Stärken? Das bedeutet in letzter Konsequenz: Begeistere zuerst Menschen aus Deinem Umfeld, aus Deinem persönlichen Freundes- und Bekanntenkreis. Denn der Vorteil liegt auf der Hand: Du kennst sie und kannst die eben gestellten Fragen schnell beantworten. Neue Menschen musst Du nämlich erst einmal kennenlernen, um die besagten Fragen beantworten zu können.

Genau das aber ist der Punkt, warum so mancher im Business von Network-Marketing eben nicht erfolgreich wird. Sie sehen das Business als Alleinstellungsmerkmal und stellen es daher gleich zu Anfang in den Vordergrund. Somit begehen sie den Fehler, die Bedeutung umzudrehen. Sie machen Marketing, aber ohne echtes Network. Oder sie machen Marketing, indem sie etwas Verkaufen, und dabei nutzen sie ihr Netzwerk. Und zwar indem sie es „ausnutzen"! Natürlich dreht es sich im Kern darum, wie man aus einem Kontakt eine werthaltige, erfolgreiche und in die Zukunft nachhaltige Geschäftsbeziehung kreiert. Keine Frage. Aber genau das ist der markante Unterschied zwischen „etwas zu nutzen" und „etwas ausnutzen".
Denn: Ein Netzwerk errichtest Du, indem Du dabei ernsthaft **„Rapport"** aufbaust. Dieses Wort **„Rapport"** ist mir ebenso wichtig wie es für mich eine wertvolle Bedeutung hat. Dabei dreht es sich um ein ehrliches Interesse an anderen. Ich will wissen, wie er denkt, tickt, fühlt, wofür steht er und was macht ihn so einzigartig in seiner Person? Ich will wissen, was er für Bedürfnisse und für Stärken verinnerlicht und besitzt. Rapport heißt für mich aber auch, die tiefgründige Bereitschaft zu haben, den anderen zu verstehen, ja, ihn überhaupt erst einmal verstehen zu wollen, bevor ich in eine

Geschäftsbeziehung mit ihm eintreten möchte. Denn: Wenn ich das alles nicht von und über einen Menschen weiß, wie soll ich ihm dann helfen erfolgreich zu werden? Wie und wo soll und kann ich dann den entsprechenden Hebel ansetzen? Ich muss ihn verstehen und begreifen können. Es geht doch immer darum, aus einem Kontakt in letzter Konsequenz einen Freund zu machen – das alles vereint das Wort „Rapport" für mich und deshalb findet es bei mir auch öfter seine Anwendung.

Mit Freunden erfolgreich ein Business betreiben, das hat doch eine ganz andere Wertigkeit und Qualität, als mit einem an sich Fremden, den Du eher beiläufig kennst, von dem Du aber nicht wirklich etwas weißt. Stimmt's? Zusammen mit Freunden, die an ihrem eigentlichen Leben extrem vorbeileben, eine Chance, einen Ausweg bieten. Mit diesem Geschenk namens Network-Marketing rausgehen, in dem vollen Bewusstsein: Ich habe hier etwas, was für rund 80 Prozent der Menschen da draußen, die ein Problem haben, eine perfekte Lösung ist. Ich habe diese Lösung – und meine Freunde haben sie auch! Wenn das nicht großartig ist, was dann? Dabei brauche ich doch nur genügend Menschen finden, ihnen zuhören, ihnen die richtigen Fragen stellen, dass ihre Probleme offensichtlich werden, und schon kann ich deren Probleme als Aufhänger nutzen, um mein eigenes Geschäft vorzustellen. Mehr geht doch nicht! Und ja, die einen werden ihre Probleme als gar nicht schlimm ansehen, dass sie eine Lösung benötigen und die anderen aber eben doch! Die, die nicht wollen, die wollen eben nicht. Na und? Dafür gibt es doppelt und dreifach so viele die wollen – und die musst Du nur kennenlernen. So baut man Netzwerke auf, nämlich indem man Beziehungen führt und indem man den richtigen Nährboden erschafft – aber bitte mit Rapport...

Wer heute ein junges Bäumchen in trockenen Boden einpflanzt, der kann lange warten, bis daraus ein starker Baum wird. Pflanzt er ihn aber in richtige, nährstoffreiche Erde, dann wird daraus ein riesiger, starker baum erwachsen. Und auch Network-Marketing braucht den richtigen, einen guten Nährboden – und der heißt in meinem Business Beziehungen bzw. ein Netzwerk auf wertigen Beziehungen.

2. Teil – Die Frage um das WIE?

WO DIE ANGST IST, IST DER WEG ZUM CHARISMA

Am Anfang war der Ratschlag ... hört sich epochal an, ist aber in der Tat eine ernst gemeinte Formulierung, die auf den Augenblick abzielt und weit in die Zukunft hinein wirkt. Denn ein Ratschlag allein wird Dir noch nichts nützen. Das Wissen allein, was zu tun ist, beantwortet nämlich noch lange nicht die anfangs im Hintergrund stehende Frage, nach dem Wie ... Aber die Antwort zu dieser Frage wird mit dem erteilten Hinweis, mit der wertvollen inhaltlichen Empfehlung immer wichtiger – und gewichtiger. Denn das „Was" allein hilft noch nicht weiter, wenn das „wie" noch nicht beantwortet ist. Zu dem „Was" und „Warum" habe ich Dir meine private und insbesondere bis heute berufliche Biografie offenbart. Aus dieser Komponente ergibt sich meist die Tatsache, warum etwas so ist, wie es gerade ist. Dieser Gedanke besitzt in meinem Leben einen besonderen und signifikanten Stellenwert. Ich habe Dir also meine Werte nebst Erfahrungsanalysen mitgeteilt. Aber was nützt Dir beispielsweise ein Traumauto ohne Fahrzeugschlüssel? Was kannst Du mit dem besten Smartphone der Welt bewegen, wenn Du nicht weißt, wie man es richtig nutzt und einsetzt? Was bringt Dir das beste Golf-Equipment, wenn Du nicht weißt, wie man abschlägt? Du merkst also, das „Wie" ist überaus von entscheidender Rolle. Nur wer weiß, wie etwas funktioniert, der kann Dinge bewegen, kann sie angehen, umsetzen und entsprechend für sich und damit für seinen Erfolg nutzen. Der Weg an die Spitze hat immer zwei Wegweiser: Der eine zeigt Dir, **was** zu tun ist, und der andere, **wie** es zu tun ist! **Denn bunte, reale Praxis schlägt immer die graue, irreale Theorie!** In der amerikanischen Business-Welt heißt es daher auch: **„It's always about the WHAT and the HOW!"** Genau deshalb werde ich für Dich die Punkte und Ratschläge aus dem ersten Teil hier nun wieder aufgreifen, um Dir das „Wie" noch klarer als vielleicht schon geschehen zu erläutern, damit auch Du den Weg zu Deinem perfekten Network sicher findest und zuversichtlich Dein Netzwerk-Ziel sicher erreichst. Du weißt ja: Losgehen allein reicht nicht aus, man muss auch den Weg kennen, um dann sicher ans Ziel zu kommen.

Generell gilt erst einmal die Faustformel: Starten! Einfach starten ... Ich weiß, das hört sich nahezu banal an, ist es aber gar nicht. Denn immer wieder erlebe ich es, dass Menschen das ganz große Ziel vor sich haben, doch genau deshalb nicht den ersten Schritt machen – oder ihn nicht wagen. Einen Mount Everst erklimmt kein Bergsteiger der Welt auf Anhieb mit einem langen Marsch an die Spitze. Erst schafft er bekanntermaßen die Voraussetzungen für einen guten Start, hat das entsprechende Equipment beisammen, hat seine Fitness trainiert und teilt sich dann die Strecke in diverse Etappen ein. Und auch hier beginnt alles mit dem Start, nämlich damit, den Rucksack zu packen und den allerersten Schritt zu machen. So ist es im Network-Marketing auch. Mache den ersten Schritt und rufe Deinen allerersten Kontakt an. Jemanden, den Du gut kennst, mit dem Du vertraut bist und bei dem Du eben nicht erst die Bedürfnisse in einem Gespräch herausfiltern musst. Es geht nicht darum 100 Leute gleich gut zu kennen und sie alle innerhalb von zwei Stunden durchzutelefonieren. Nein, der allererste Anruf ist Dein erster Schritt und damit auch ein erstes Puzzleteil zum großen ganzen „Wie".

Und so einen ersten Kontakt kennst auch Du. Ein Blick in Deine Kontaktliste in Deinem Smartphone wird Dir diesen Namen für Deinen ersten Network-Marketing-Anruf offenbaren. Denn hast Du erst einmal den ersten Schritt gemacht, bist Du somit auch schon mittendrin im Business! Super, Du bist gestartet! Das ist zugleich das Fundament von allem, was nun folgt. Stimmt, hört sich simpel an, ist es im eigentlichen Sinne auch und dennoch ist es nicht so einfach, diese erste Schwelle zu übertreten. Ich weiß das. Aber Du hast es nun geschafft ... und was jetzt folgt, sind Eigenschaften, die zum Netzwerken dazugehören und die nur einen Zweck erfüllen: Dich noch besser zu machen in Deinem Geschäft.

Charisma, Ehrlichkeit und Geduld – das sind für mich die drei Grundpfeiler im Network-Marketing, die sowohl grundlegend beim Network aber ebenso beim Marketing stützend helfen und Dir wertvollen Support spenden. Diese drei Key-Assets haben sich im Laufe meiner selbst gemachten Expertisen immer wieder als entscheidend und maßgeblich herauskristallisiert. Wie sich das bemerkbar gemacht hat?

Das ist eine tolle Story, wie ich zu der gemachten Eigen-Erfahrung gelangte. Es war in der Zeit, als ich als Unternehmensberater tätig war. Eine Erfahrung, die mir neben dem Erlebnis per se schonungslos die Frage nach dem „Wie“ von selbst offenbarte. Ich war noch Junior Consultant, also noch zugegeben eher unerfahren im praktischen, alltäglichen Berater-Business. Ein Kunde unserer Company wartete in Düsseldorf. Also flog ich dahin. Kaum gelandet, erwischte mich eiskalt eine Nachricht: Mein Projektleiter, den ich am dortigen Airport treffen sollte, würde aus Krankheitsgründen nicht kommen. Schock! Er war doch der Erfahrene, derjenige, der alles rund um das Projekt wusste, der die Zahlen, Daten und Fakten kannte und somit auf wohl jede Frage des Kunden die passende Antwort parat gehabt hätte. Was also tun? Meine Gedanken kreisten. Und plötzlich wurde mir klar: Ein Stoß ins kalte Wasser bedeutet immer: Du musst schwimmen! Denn die andere Option war keine – die hätte nämlich „untergehen" bedeutet und das wäre für mich einem Komplettversagen gleichgekommen. Ich musste da durch, denn es gab dabei weder eine plausible Ausrede, den Termin nicht wahrzunehmen, noch eine andere alternative Möglichkeit der „drohenden Herausforderung" zu entkommen. Ich musste allein hin zu dem Großkunden, und dies als „kleiner Junior Consultant" und musste somit ebenso die so wichtige Präsentation dort halten. Es lag also an mir zu bestehen und den Kunden für unsere Unternehmensberatung zu gewinnen – und nur an mir. Mein einziger Strohhalm, an dem ich mich mental festhielt: Ich hatte die Präsentation selbst vorbereitet und als solches erstellt. Heißt: Ich kannte den Inhalt. Nur hatte ich zuvor noch niemals präsentiert, und schon gar nicht vor so einem großen, bedeutsamen und für uns wichtigen Kunden. Augen zu und durch, hieß meine Devise. Um mich herum auf einmal nur vermeintlich wichtige, erfahrene Menschen – im Alter von 50plus, alle im schicken Anzug, alle mit Aura, alle pure Macht und Know-how ausstrahlend. Und mittendrin ein 25-jährige Youngster, nämlich ich. Keine Frage, das gebe ich gerne zu: Ich hatte vor der anstehenden Aufgabe einen Riesen-Respekt – aber keine Angst. Denn als Unternehmensberater arbeitet man immer an Lösungen, ist somit lösungsorientiert. Auf der einen Seite wird das angebliche Problem analysiert, und auf der anderen Seite die entsprechend passende Lösung erarbeitet und präsentiert. Meine Lösung in diesem prekären Moment sollte vordergründig die Antwort auf eine Frage sein: Wie gewinne ich diesen Kunden bzw. die Teilnehmer bei meiner anstehenden Präsentation? Klar war, ich konnte hier nicht so tun, als ob ich mit großer Expertise überzeugen könnte. Ich wäre mit diesem Schauspiel chancenlos gewesen. In Bruchteilen von Sekunden stand meine Entscheidung fest: Ich bin eben, wie ich bin, gehe jetzt in diesen Tagungsraum und gebe einfach mein Bestes – mit all meinen Besonderheiten, mit all dem, was mich als Person ausmacht. Für mich stand eines ganz klar fest: Ich überzeuge die Teilnehmer meiner Präsentation mit meinem Charisma, also mit meinem Lächeln, meiner Stimme, meiner Gestik und Mimik, meiner Freundlichkeit – und mit meiner Ehrlichkeit. Denn das war meine einzige „Waffe", mehr hatte ich ja nicht zu bieten. Dieses Charisma, war das einzige, was ich neben einer guten Präsentation einsetzen konnte und was mir als Tool in diesem Augenblick zur Verfügung stand. Es war das, womit ich mit den anderen zumindest auf meine Art mithalten konnte. Das wurde mir von Sekunde zu Sekunde bewusster. Schon nach wenigen Momenten spürte ich in diesem Termin, dass die von mir gefällte Entscheidung die beste war, die ich überhaupt hätte treffen können.

In diesem Zusammenhang möchte ich Dir kurz darlegen, was **Charisma** für mich **bedeutet**: Für mich heißt das, **andere mit der eigenen individuellen Ausstrahlung zu beeindrucken.** Das kann jeder, denn Charisma hat zugleich jeder, weil jeder eine ganz persönliche Ausstrahlung besitzt. Und dies in unterschiedlichster Art und Weise, Intensität und Vielfältigkeit. Dabei geht es jedoch insbesondere erst einmal darum ehrlich zu sein. Somit also sein ehrliches, eigenes, sein besonderes Ich nach außen zu bringen. Das ist pure Authentizität. Heute weiß ich, dass **nur authentisch zu sein, wirklich überzeugt.** Wer versucht, eine Rolle zu spielen, der wird sich darin verlieren. **Denn dort, wo die Angst ist, wo sich eine Herausforderung für Dich auftut, da ist auch der Weg zur Authentizität – und zu noch**

mehr Charisma. Das gilt auch für Dich. Du wirst nur authentisch sein und bekommst dieses gewisse, besondere Etwas nur, außerhalb der Komfortzone und mit der Angst, der Du Dich stellen musst. So erreichst Du das Ziel ein „attractive character“ zu werden.

Charisma ist Dein persönlicher Unwiderstehlichkeits-Faktor!

Duckst Du Dich hingegen weg, vermeidest Du permanent diese Situationen von Angst vor bzw. wegen Herausforderungen, kann Deine Persönlichkeit nicht daran wachsen. Du verhinderst mit dem vermeintlich einfacheren Weg die großartige Chance auf Entwicklung Deiner individuellen Persönlichkeit. Weil Du auf der Stelle trittst, im Jetzt verharrst und Dir die bekannte Weisheit „Stillstand ist Rückschritt“ zu eigen machst. Denn: Hätte ich damals diese Situation nicht erlebt und hätte ich die Herausforderung nicht angenommen, hätte ich meine Angst, vor diesem erlauchten Kreis zu präsentieren, damals nicht überwunden, so hätte ich diese Erkenntnis, dieses Aha-Erlebnis auch nie gehabt und wäre auch nicht an dieser herausfordernden Begebenheit gewachsen. Jeder, so wie Du auch, muss solche Umstände erfahren und durchleben. **Sag darum immer ja zu Herausforderungen, um es zu spüren und zu erleben, wie Du an ihnen wächst und an Strahlkraft zulegst.** So verinnerlichst Du auch diesen für Dich so besonderen Aha-Effekt, der Dich erst richtig weiterbringt. Denn so bist Du ehrlich – vor allem zu Dir selbst – und Deine Authentizität lässt Dein Charisma wachsen. Das ist der Schlüssel, um Dir diese Türen zu den Gaben Aura und Ausstrahlung zu öffnen. Davon zu reden und davon zu hören, ist ja nur die eine Seite der Medaille. Ich hingegen möchte Dich hier an dieser Stelle dazu auffordern, die Chance dafür zu erkennen und anzunehmen, indem Du solche Situationen durchlebst und an ihnen weiter wächst.

Ja, ich möchte Dich sogar dazu ermuntern, solche Momente selber zu kreieren, sie zu schaffen und für Dich zu nutzen.

Niemand kann Network-Marketing-Professional werden, wenn man vorher nur in der Theorie des Systems lebt. Denn gerade in unserem faszinierenden Business hast Du den immensen Vorteil, durch das Überwinden Deiner Ängste ins aktive Handeln zu kommen – weil Du folglich manchmal handeln musst! Und es geht genau darum – Angst vor dem Anruf, Angst vor dem Einwand, Angst vor dem Nein, Angst vor der Ansprache, Angst, Angst, Angst ... Nein, das ist kein Nachteil, wie so mancher glaubt, sondern ein gewaltiger Vorteil. Denn es stärkt Deine Persönlichkeit und entwickelt Dein persönliches Ich. Durch diese Art der Metamorphose wirst Du zu einem immer stärkeren Charakter, der zunehmend positives Charisma bildet, was in letzter Konsequenz wiederum andere Menschen anzieht. Du wirst zu einem Magnet für andere tolle Leute und erhöhst parallel dazu ebenfalls Deinen eigenen Marktwert! So einfach und plausibel ist das. So verläuft der Weg zu mehr Ausstrahlung, mehr Aura, mehr Authentizität und zu guter Letzt zu mehr Charisma und damit zu mehr Erfolg! That's it!

Charismatische Persönlichkeiten gibt es viele, und viele von ihnen habe ich regelrecht studiert, weil sie mich interessieren und faszinieren – sei es Mahatma Ghandi, John F. Kennedy oder Martin Luther King, um hier nur einige wenige einmal namentlich zu nennen. Sie alle haben unter anderem die Gemeinsamkeit, dass sie keine autoritären Menschen waren, sondern mit Aura, mit Ausstrahlung beeindruckt und geführt haben. Wer so ein großes Charisma besitzt, gehört für mich zur „Champions League des Leaderships“. Genau darum geht es auch im Network-Marketing: Menschen zu führen und zwar, ohne sie in ein System zu pressen, sie in ein gleiches Korsett zu zwängen, um sie alle gleich zu machen. Sondern vielmehr Führung auf Basis ihrer Individualität. Das ist es, was zählt und was Menschen ausmacht, was sie so besonders und wertvoll macht. Ich handele daher nach der Maxime: **Fördere die Stärken anderer Menschen, weil Du mit der Entwicklung von Gewinnern punktest! Network-Marketing heißt: Produziere viele Gewinner und Du wirst gewinnen!** Genau das ist der Kernpunkt meines Geschäfts. Und je mehr Gewinner ich ausbilde und somit hervorbringe, umso erfolgreicher werde ich selbst. Eine effektivere und nachhaltigere Win-win-Situation kann man gar nicht kreieren.

Charisma ist wahrnehmbar, diese Deine Ausstrahlung, die Du versprühst, kommt beim anderen ungefiltert an. Ob verbal oder non-verbal. Es ist pure Energie und mündet zu guter Letzt in einer Empfehlungsenergie. Und diese hat eine derartige Durchschlagskraft, dass ich folgende These aufstelle und behaupte: Von 100 gestandenen Unternehmern bis zum Dax-Vorstand, denen ich das Business Network-Marketing präsentiere, werden danach ungefähr 70 bis 80 überzeugt sein und behaupten, dass mein Geschäft eine sensationelle Businessmöglichkeit ist. Und die anderen restlichen 20 Prozent? Die wollen es nicht verstehen. Auch das ist Fakt und gehört zur Ehrlichkeit dazu. Aber wodurch überzeuge ich diese Unternehmer-Persönlichkeiten? Na klar, durch Charisma! Denn mit diesem Tool ist es mir möglich, die richtigen Bildern im Kopf der anderen zu erzeugen. Aber wie ist das möglich? Charisma strahlt und wirkt von innen nach außen. Dabei ist die Präposition „innen" in diesem Zusammenhang gleichbedeutend mit den Verben „denken" und „fühlen" – wir sind in einem emotionalen Bereich. Denn von dem Denken und Fühlen geht die Energie nach außen. Und

„außen" – das ist in diesem Fall dann die Stimme, die Mimik und Gestik, die äußere Wahrnehmung. Zusammen ergeben diese beiden Faktoren Deine Aura bzw. Dein Charisma. Es ist Dein essenzieller Kern, aus dem alles weitere bei anderen erwächst.

Aber das zieht ja noch weitaus mehr nach sich. Denn mit der Kraft des Charisma erhöhst Du Deine persönliche Anziehungskraft. Du mutierst, wie schon erwähnt, zum Magneten. Und weil das so ist, melden sich inzwischen die Menschen auch bei mir. Ja, stimmt, ich gehe heute eher seltener in den aktiven Akquiseprozess als zu Beginn meiner Karriere. Weil ich mich im Network-Marketing, das ein People-Business ist, als besagter „professioneller Kaffeeklatscher" und „professioneller Kennenlerner" Stück für Stück weiterentwickelt habe. Denn ich habe für meine entsprechenden Voraussetzungen gesorgt und habe sie ernst und ebenso wichtig genommen. In der ersten Hälfte meiner Network-Aktivitäten war ich ein „Working in the business player" und heute bin ich ein „Working on the business player". Die Perspektiven haben sich verschoben, eben weil ich mich weiterentwickelt habe. Das ist vergleichbar mit einem „Head of finance" oder einem „Head of marketing" – beide müssen jeweils ihre Bereiche, ihre Ressorts im Blick und Griff behalten und entsprechend verantworten. Würden Sie nun aber Geschäftsführer werden, dann verändert sich damit auch ihre Perspektive. Sie steigen im Organigramm auf, rücken weiter nach oben an die Spitze und müssen nun den Blick für alle Geschäftsbereiche, also für das große Ganze haben. Sie sehen ab sofort ihr Business aus einer völlig anderen Perspektive und haben einen viel breiteren Blickwinkel. Ein großer Unterschied!

Jeder startet im Network-Business, um ein Magnet zu werden. Und in jedem schlummert der Wunsch etwas zu kreieren, wo die Leute ihn kontaktieren und ihn bitten mitmachen zu dürfen, Teil des Network-Marketing-Business zu werden. Was für eine großartige Vorstellung. Ich bin in dieser Hinsicht der beste Beweis, dass exakt dies möglich und machbar ist. Denn als „Working on the business player“ habe ich mich schrittweise zu diesem besagten Magnet entwickeln können. Genau das ist es, eine Entwicklung. Charisma ist ein „PRO-zess“, also ein „Vorgang, der für etwas steht und zu etwas führt“, der aber erarbeitet werden muss. Sonst wäre es eher ein „Anti-zess“. Diese Anziehungskraft ist keine Glückssache, sie fällt auch nicht vom Himmel oder ist eine genetisch veranlagte Gabe. Anziehungskraft entwickelt sich, als ob Du im Fitnessstudio bist und täglich Hanteln stemmst, was Deine Muskeln und damit Deine Kraft fördert. Auf gleiche Weise musst Du auch diese individuelle Magnetkraft trainieren, um sie stärker und stärker zu machen. Es ist ein wertvoller Schlüssel zum Erfolg im Network-Marketing, der Dir den „Popstar-Faktor“ verleiht.

STARTEN, STATT AUF PERFEKTION ZU WARTEN

Aber damit noch nicht genug! Ich behaupte: Es ist besser unperfekt zu sein, aber aktiv zu tun, als darauf zu warten, bis man selber perfekt ist. Kurzum: Starten statt warten! Setze den ersten Impuls und fange an, um dann zunehmend konstant zu werden. Es geht um die Fähigkeit, es einfach zu tun, denn mit dem noch unperfekten Tun reift zunehmend die Perfektion der Kompetenz. Es ist genau das, was ich im ersten Teil des Buches „Training on the job“ genannt habe. Raus aus dem Abwarte-Modus, rein in die „Let's-do-it-Methode“. Achtung! Das heißt nicht, dass Du nicht üben, üben und noch mal üben sollst. Solange und so intensiv, bis Du es drauf hast und Deine Skills jederzeit abrufen kannst. Aber, deswegen sollst Du ja nicht die Zeit bis dahin für Dein Business ungenutzt lassen. Nein, Ärmel hochkrempeln und loslegen, auch wenn Du es nur zu 20,40 oder 70 Prozent beherrschst. Egal, lieber so, als Zeit zu vergeuden. Frage Dich dabei immer: Was kann Dir passieren? Was ist beim aktiven Tun und bei aller noch nicht vorhandenen Perfektion Dein persönliches „Worst-Case-Szenario“ und was ist hingegen Dein „Best-Case-Szenario“? Zwei Gedankengänge, die in der Unternehmenswelt global immer und überall so gedacht werden. Was kann mir schlimmstenfalls passieren? Was ist das schlechteste Ergebnis und was kann bestenfalls dabei herauskommen? So wird jeder Unternehmer und auch jeder Investor denken. „Wenn ich hier investiere, dann haben wir im schlimmsten Fall dieses Geld nicht mehr auf der Guthabenseite, aber wir haben es zumindest versucht. Bestenfalls aber wirkt die Investition und wir haben einen erheblichen Nutzen, Vorteil oder Gewinn davon“. Und beim Network-Marketing? Da ist es nicht anders. Was ist Dein Worst-Case? Du hast vielleicht x Euro an Produktwert gekauft. Du hast doch somit schon 1:1 den Gegenwert in Form von hochwertigen Produkten erhalten. Das ist also für Dich kein Verlust, noch nicht einmal ein winziges Defizit. Und Dein Best-Case? Ganz eindeutig: Du hast Deine Chance ergriffen und kannst ab sofort daran aktiv wirken, Dein Leben vollständig und eigenständig nach Deinem Gusto zu gestalten. Mit der Entscheidung hast Du Dir die Möglichkeit erschaffen, Dein Leben fortan ganz nach Deinen individuellen Vorstellungen zu leben. Diese Opportunity dazu, ein Startschuss, der komplett neue Perspektiven eröffnet. Es geht also rein um ein unternehmerisches Denken, und zwar um die Frage der Entscheidung und der damit verbundenen Tragweite – nämlich zwischen dem Best- und dem Worst-Case-Szenario.

In diesem Zusammenhang spielt dann zugleich die von mir sogenannte **„Empfehlungs-Energie"** eine extrem wichtige Rolle. Oder anders gefragt: Warum empfehlen Menschen etwas, nämlich wie in diesem Fall das Business Network-Marketing? Ich definiere dies wie folgt: **„Interessiere Dich bewusst dafür, was im Kopf und im Herzen des anderen Menschen zu diesem Thema vorgeht!"** Und da wäre ich erneut bei meinem Stichwort „Rapport" – denn es geht wiederum darum, dass Du ein ernsthaftes Interesse an einem anderen Menschen hast! Und was macht ein ernsthaftes Interesse aus? Ehrliches Interesse ist für mich zugleich die Basis für ernsthafte Kommunikation. Es ist überhaupt die Grundlage für einen ehrlichen Dialog. Alles andere wäre oberflächliches Geplänkel, ein belangloser Austausch von Worten, der von seiner Bedeutung noch weit unter einem lockeren, unverbindlichen Small-Talk anzusiedeln wäre. Weil sich aber aktives Business zugleich größtenteils um reine Kommunikation dreht, findet der ökonomische Leitsatz „It's all about communication“ gerade hierbei seine Berechtigung und Bedeutung. Network-Marketing ist eine Form von Business, in dem die Kommunikation den höchsten Stellenwert besitzt. Das ist das Essential in diesem Geschäft. Warum? Weil man auf Grundlage eben dieser Kommunikation entsprechende Entscheidungen trifft, weil man dadurch die Frage nach Erfolg oder Misserfolg beeinflusst und maßgeblich die Richtung weist. Ich gehe sogar noch einen Schritt weiter: **Kommunikation ist ein Vehikel, es ist die größte Macht in der Empfehlung und damit im Network-Marketing-Business.**

Bleibt zu überlegen, wie man demnach „richtig“ kommuniziert. Wie weckt man Interesse, was sagt man und wie fragt man? Hier ist Aufmerksamkeit und Anerkennung meines Erachtens ein wesentlicher Faktor. Konzentriere Dich zu 100 Prozent auf Deinen Gesprächspartner. Er allein ist es, der in diesem Moment zählt und der es somit auch nicht verdient, dass Du – wodurch auch immer – abgelenkt wirst. Schau Deinen Gegenüber an, auch immer wieder in die Augen, denn dass zeigt: Ihr beide seid auf Augenhöhe. Daher kommt dieser Begriff nämlich. Blickkontakt zollt dem anderen Respekt, macht ihm deutlich, dass Du an seinen bzw. ihren Worten ernsthaftes Interesse hast und versetzt Dich zudem in die Lage, in der Mimik des oder der anderen „zu lesen“. Blickkontakt demonstriert aber auch eine gewisse eigene Selbstsicherheit. Denn nur wer andere anschaut, ihrem Blick nicht ausweicht, zeigt, dass er von sich und dem, was er sagt, selber überzeugt ist. Das ist in der Kommunikation von größter Bedeutung. Auch, weil diese Haltung zugleich Vertrauen aufbaut. Mit Blickkontakt signalisierst Du: „Ich stehe zu dem, was ich sage!“ Wer hingegen wegschaut, halbiert damit die Kraft der eigenen Argumente. Und das könnte dann der oder die andere in etwa so interpretieren: „Das, was mein Gegenüber sagt, meint er gar nicht so ernst" – und damit minimiert sich das Vertrauen im gleichen Atemzug, ebenso wie die Achtung vor dem anderen.

Aber Fakt ist: Menschen sehnen sich nach Wertschätzung, insbesondere heutzutage, wo unsere Welt immer anonymer und technisierter wird. Der menschliche Faktor bleibt zunehmend auf der Strecke. Doch gerade in meinem Business „menschelt" es, weil Network-Marketing von Menschen gemacht und somit geprägt wird. Einerseits sind immer mehr Menschen auf dem Trip der Selbsterfüllung, auch weil es vielen materiell an nichts oder nur wenig mangelt. Andererseits suchen immer mehr Menschen nach dem Sinn des Lebens, weil – und das ist meine persönliche Einschätzung – wir noch nie eine Phase erlebt haben, in der man sich weniger Wertschätzung schenkt wie aktuell. Deshalb ist Wertschätzung heute eine unserer größten Sehnsüchte und zugleich eine unserer wertigsten Assets überhaupt, die wir, wenn wir sie haben, anwenden und verschenken dürfen. Wer heute das Miteinander lebt und demonstriert statt unterkühlte, kalkulierte Gefühle zeigt oder gar gleich auf Konfrontation geht, der fällt doch regelrecht positiv auf. Und genau das sollte man sich zu nutze machen, insbesondere innerhalb der Kommunikation. Für mich ist das ein Weg, den ich nicht beschreite, denn andere Menschen, und zwar jeder, erhält von mir allergrößte Wertschätzung. So ist mein Lebens- und Menschenbild, und dies auch vor dem Hintergrund meines christlichen Glaubens, meines Gottvertrauens, wovon ich mehr und mehr im Laufe der Jahre gewonnen habe und der sich in mir manifestiert hat. Wofür ich wirklich dankbar bin!

Halten wir also fest: Egal, ob im persönlichen Gespräch, im Online-Call oder beim Telefonieren mit dem Smartphone – zeige dem anderen, dass Du ganz für ihn da bist. Signalisiere ihm: „Ich nehme mir gerne Zeit für Dich und diese Zeit gehört nur uns beiden!" Das fängt schon mit ganz einfachen, simplen, aber eigentlich selbstverständlichen Dingen an. Erste Devise beim persönlichen Gespräch: Handy weg! Das Smartphone hat beim Dialog noch nicht einmal auf dem Tisch zu liegen und erst recht nicht, dass Du während des Talks mal hier und da auf eben dieses Gerät schaust. Nein, kein Post, keine News, keine Voicemail, keine WhatsApp-Info ist in diesem Moment so wichtig, dass Du Dich davon vom Gespräch mit der oder dem anderen ablenken lässt. Noch nicht einmal mit einem kurzen Blick. Es gehört sich einfach nicht und ist respektlos. Denn Wertschätzung geht anders. Du denkst, das sind doch nur Kleinigkeiten? Ja, vielleicht, aber sie haben eine große Wirkung und können für den Verlauf eines Gesprächs ausschlaggebend sein. Mein Ratschlag: **Schaffe die richtigen und adäquaten Voraussetzungen, dass eine gute, ehrliche, tief greifende und somit wertschätzende Kommunikation entstehen kann.** Denn nur so, wird sich Dein Gegenüber auch öffnen und wird Dir alles das erzählen, was Du erfahren möchtest – und zu guter Letzt auch musst. Das wirst Du schaffen, wenn Du konzentriert zuhörst und auf Deinen Gesprächspartner entsprechend eingehst. Aufmerksamkeit und damit volle Anerkennung schenken, das gelingt Dir ebenfalls, wenn Du Aussagen mit passenden Kommentaren unterstützt oder sie gar damit von Dir aus bekräftigst. Greife einen Themenfaden auf, bestärke den anderen hier und da. Das signalisiert dem anderen, dass zwischen ihr oder ihm und Dir eine ganz besondere, spezifische Vertrauenswürdigkeit entstanden ist. Dein kommunikatives Engagement durch aktives Zuhören, durch Konzentration auf den anderen, durch das Aufgreifen des thematischen Gesprächsfaden – eben durch den einen oder anderen Kommentar, die eine oder andere ergänzende Bemerkung – lässt Dich für den Gegenüber nämlich vertrauensvoll erscheinen, weil er merkt, dass Du bei ihm oder ihr bist. Das macht Dich zu einem Gesprächspartner, dem man damit etwas anvertrauen mag. Zusammen befindet ihr Euch nun auf einer Ebene, in der man sich öffnen kann. In diesem Zusammenhang plädiere ich ja immer für eine bipolare Atmosphäre: Auf der einen Seite eine zwanglose, gepflegte Umgebung, die eben nicht zu steif und offiziell sein sollte. Und damit wird auch klar: Es muss nicht immer das schicke Büro sein, in dem man sich trifft. Auf der anderen Seite aber ist das kein Freifahrtschein für ein belangloses verbales Geplänkel auf mittlerer oder gar niedriger Niveaustufe. Nein, ganz im Gegenteil. **Ich bezeichne diese spezielle Business-Situation immer gern als einen „gehobenen oder professionellen Kaffeeklatsch".**

Was ist die Folge? In behaglicher Atmosphäre lässt es sich angenehmer und freier sprechen. Hältst Du dabei die zuvor dargestellten Parameter des Talks ein, erzeugst Du in Deinem Gegenüber automatisch das Gefühl, dass Du ihn verstehst, dass Du seine Sichtweisen, seine Denke, seine Ziele und Beweggründe nachvollziehen kannst. Für den anderen entsteht ein mentales Wohlfühl-Klima. Er spürt Dein Interesse, weil Du seinen Worten und Gedanken folgst und sie Dir anhörst – was heutzutage (leider) keine Selbstverständlichkeit mehr ist. Gleichermaßen keimt Sympathie Dir gegenüber auf. Und plötzlich ist er da: **der positive automatische Erzähl-Ablauf.** Experten sprechen auch gern vom **„Flow of words"**. Genau das ist doch die eigentliche Absicht eines solchen Dialogs, nämlich dass ich von meinem Gegenüber so viel wie nur möglich erfahre, ihn kennenlerne und dies, indem ich ehrlich an ihm interessiert bin. Hier geht es eben nicht um Worthülsen, um Phrasendrescherei, und schon gar nicht um einen starren, penibel eingehaltenen Gesprächsleitfaden, sondern um grundlegend persönliche Aussagen, ja fast schon um den ersten Austausch von emotionalen Intimitäten auf hohem Niveau aber in eher normal-lockerer Atmosphäre. Ein Gespräch mit Herz und Bauch – aber ohne Kalkül. Denn eines muss man sich immer vergegenwärtigen und sich darüber im Klaren sein: **Du kannst bei den richtigen Menschen nichts falsch machen und bei den falschen Menschen nichts richtig!** Insofern kann ich Dich nur bestärken und Dich dazu ermuntern, vorurteilsfrei, offen und zwanglos in so eine Gesprächssituation zu gehen. Sei Dir bewusst: Wenn Dich jemand nicht mag, wenn jemand keine oder wenig Sympathie für Dich hegt, dann kannst Du bei ihm auch nicht mit Inhalten glänzen oder mit Botschaften punkten. Egal, wie gut diese Infos sind. Macht nichts, denn im Endeffekt ist die individuelle Persönlichkeit jedes einzelnen entscheidend und zu dieser „Personality“ gehört dann auch die Einsicht, ehrlich interessiert an anderen Menschen zu sein und dies beispielsweise in einem Gespräch zu demonstrieren.

PERSÖNLICHKEITSENTWICKLUNG – WIE WEIT MUSS SIE GEHEN?

Diese eben erläuterte Kompetenz zu erlangen, zu entwickeln oder weiter auszubauen, ist meiner Ansicht nach ein wesentlicher Bestandteil der Persönlichkeitsentwicklung. Vergiss nicht: Bei einer Entwicklung ist die Richtung, die Tendenz, wohin sich jemand entwickelt, niemals einseitig vorgegeben. Heißt: Wenn jemand sich in seiner Persönlichkeit entwickelt, ja wohin denn? Was und wo ist das Ziel? Was ist die finale Stufe der Entwicklung? Ich vergleiche das gern einmal analog mit einem Karriereplan im Network-Marketing. Da sind die Stufen genau vorgegeben und was zu tun ist, um diese jeweils höheren Positionen zu erreichen. Bis es dann im letzten und damit allerhöchsten Ranking endet. Das ist das Ziel, da will man hin – und Du sicherlich auch, wenn Du Network-Marketer bist. So weit, so gut! Aber wo ist die Endstufe bei der Persönlichkeitsentwicklung? Ja, man beherrscht vielleicht die eine Tugend und eignet sich eine weitere Fähigkeit an. Und noch eine und noch eine ..., aber wieviele denn noch? Ist diese Entwicklung des eigenen Ichs jemals abgeschlossen? Kann man quasi vollkommen sein? Gibt es dafür eine Definition? Ich glaube Vollkommenheit gibt es nicht, aber vielleicht ein unvollkommenes Maximum, denn für mich ist **die allerhöchste erreichbar Stufe in der Entwicklung der Persönlichkeit die Souveränität.**

Dieses Substantiv vereinigt so viele diverse positive Komponenten in sich, die für einen Menschen allesamt von Vorteil sind, wenn er sie in sich trägt. Souveräne Menschen sind selbstsicher, sind ebenso unabhängig, absolut frei und niemandem Rechenschaft schuldig.

Wer souverän ist, der besitzt Wissen und ist nahezu allen Lagen und Situationen gewachsen. Frauen und Männer, die man als souverän bezeichnet, wirken, arbeiten und handeln stets unaufgeregt und strahlen eine gewisse Überlegenheit aus, ohne dabei arrogant und selbstverliebt oder anderen gegenüber dominant zu wirken. Sie haben einfach den Durch- und Überblick und wissen daher auch, was nach entsprechender Überlegung jeweils angemessen zu tun ist. Aber: Souveränität ist kein Geschenk, das einem in die Wiege gelegt wird. Es ist schon gar keine angeborene Eigenschaft, sondern die Summe aus vielen selbst gemachten Erfahrungen. Der Züricher Entwicklungspsychologe und psychologische Berater Professor Dr. Jürg Frick erklärt dazu: „… Souveräne Menschen haben schon früh gelernt, in kritischen Situationen ihre Gefühle, Gedanken und Verhaltensweisen besser zu kontrollieren und so angemessener – und das heißt auch: weniger sich selber dadurch schädigend – zu reagieren. Später kommen weitere wichtige Erfahrungen im Umgang mit Menschen und Schwierigkeiten dazu. So lernen sie sukzessive, mit diffizilen Situationen und/oder Menschen umzugehen …!“ (*Quelle: Markt&Technik, 4.6.2019*)

Merkst Du jetzt, warum ich Souveränität als die oberste Stufe der Persönlichkeitsentwicklung sehe? Und es kommt noch ein wichtiges und überaus wertvolles Kriterium hinzu, eines, das insbesondere für mein Network-Marketing-Business von Bedeutung ist: Souveräne Menschen plagt niemals das Misstrauen! Und sie haben zudem angemessene Ansprüche und realistische Erwartungen an sich selber – und ihre Mitmenschen, wobei sie aufgrund der Souveränität in der Lage sind, diese Erwartungen in anderen zu wecken und sie auch zu realisieren. Für mich war beispielsweise mein Großvater ein souveräner Mensch. Bei ihm hatte ich das Gefühl, dass er ziemlich jeder Situation gewachsen war und dabei stets in sich ruhte, weil er sich auf sich selber verlassen konnte, denn er wusste um seine innere Stärke. Dem hätte man auch sagen können: „Ich kann Dich nicht leiden ...!“ Wie wäre seine Antwort ausgefallen? Wahrscheinlich so: „Weißt Du was? Das ist Dein Problem, nicht meins. Da musst Du mit klarkommen ...!“ Wahnsinn, wie souverän ist das denn? Jeder andere wäre wohl erbost aus dem Anzug gesprungen – er nicht, er blieb ruhig und gelassen bzw. souverän. Überlege doch einmal, kennst Du vielleicht auch jemanden, der diesen Status der Persönlichkeitsentwicklung schon erreicht und abgeschlossen hat? Jemand, der souverän ist? Das wünsche ich Dir, denn so einen solltest Du umgehend sponsern ...

Jemand ist aber auch ebenso souverän, wenn er weiß, wann er an der richtigen Stelle den Mund aufmacht und das Wort erhebt. Einer, der seine Meinung sagt, sie vertritt und sie mit stichhaltigen Argumenten unterlegen kann. Und zwar immer zum richtigen Zeitpunkt. Diese Stärke finde ich bemerkenswert. Aber zugleich manifestiert sich die Kraft und Eigenschaft auch darin, zu wissen, wann man eben nichts sagt und still ist. Das ist souverän, weil damit jemand zeigt, wie man der Situation entsprechend angemessen reagiert – und auch agiert. Für mich ist das genial! Und wenn ich dies in Zusammenhang setze mit dem kurz zuvor thematisierten Gespräch zweier Menschen, dann ist doch Souveränität in einem Dialog vor allem eins: bilateral zielführend. Es geht eben nicht darum, dass der eine den anderen erst einmal niederdrückt, sich überlegen macht, um den anderen dann erst langsam wieder fast auf Augenhöhe kommen zu lassen. Und die Betonung liegt hier auf dem kleinen Wort „fast“. Viele Menschen fühlen sich nämlich in dieser vermeintlichen Überlegenheit erst wohl, aber wie soll in dieser emotionalen Schieflage ein Austausch auf Augenhöhe stattfinden? Das ist schier unmöglich.

Echte Persönlichkeiten, also wahrlich souveräne Menschen, solche, die in ihrem Leben etwas geleistet und erschaffen haben, die sind mit jedem anderen auch auf Augenhöhe, weil sie nämlich nicht nur in „Key Performance Indicators" denken. Das sind Kennzahlen, mit denen die Leistung von Aktivitäten in Unternehmen ermittelt werden kann und die üblicherweise kurz „KPI's" genannt werden. Nein, das ist sicher angebracht, wenn es darum geht, unternehmerische Entscheidungen zu treffen. Aber auf der persönlichen Ebene haben diese „KPI's" nichts verloren – auch das gehört zur Souveränität mit dazu. Um es einmal konkret an einem Beispiel klarzumachen: Es treffen sich zwei Top-Network-Marketer und kommen ins Gespräch. Sagt der eine: „Ich verdiene 100.000 Euro per Monat, habe eine große Downline mit x Partnerinnen und Partner. Lass uns doch mal die Backoffices austauschen und dann sehen wir mal, wer mehr pro Monat macht …!" Ganz ehrlich, das ist schon beinahe peinlich und grotesk, aber sicherlich keine Basis für eine geschäftliche Beziehung. Das ist Konfrontation auf niedrigstem Niveau. Aus so einem Dialog kann niemals etwas Gutes, etwas Fruchtbares entstehen. Da sind beide auf einer schiefen, einer schrägen Ebene, bei der einer dem anderen deutlich machen will: „Ich bin besser als Du …!" Diese Denkweise und Art des Auftretens schafft keine Verbindung und noch weniger eine gemeinsame Schnittstelle. Vielmehr gibt einer den Ton an und zieht den anderen, vermeintlich Schwächeren, mit auf seine Linie, in seine Reihe, womit der andere seine eigene Linie quasi verlässt oder gar aufgibt.

Was aber ist – insbesondere in meinem Business – das Resultat davon? Man arbeitet vielleicht sogar eine gewissen Zeit zusammen, vielleicht sogar nach außen hin mit dem Anschein des Erfolgs, aber irgendwann zerbricht diese nach innen gar nicht wirklich existierende Verbindung. Im Endeffekt schert einer aus der Spur aus, die Folge ist eine Art geschäftliches und meist auch persönliches Drama und übrig bleiben Scherben, mit denen niemand der beiden etwas gewonnen hat.

Wenn Du jetzt das imaginäre Bild von Über-Menschen in Deinem Kopf hast, die alle diese gigantische Summe an Können, Wissen, Kompetenzen und vor allem Skills in sich vereinigen, dann wird Dir als erstes wahrscheinlich umgehend ein Gedanken kommen: „Das schaffe ich nie!" Cool bleiben! Da darf ich Dich erst einmal beruhigen. Denn wenn Persönlichkeitsentwicklung eine derart schwierige, beinahe nicht erreichbare Angelegenheit wäre, dann hätten so viele „ganz normale Frauen und Männer", die wir gern exemplarisch als „Lieschen Müller" oder „Max Muster" bezeichnen, niemals eine Chance vorwärts nach oben an die Spitze zu kommen. Aber genau das ist ja der Esprit, der Einzigartigkeits-Faktor, der Network-Marketing so sensationell, so außergewöhnlich und so speziell macht: Hier kann es nämlich jeder schaffen, wirklich jeder, wenn ... Ja, das Wort „wenn" gehört dazu, wenn man nämlich zuallererst einmal an sich arbeitet und sich entsprechend entwickelt. Und das kann nun wirklich jeder, genauso wie es jeder schaffen kann, in der letzten Entwicklungsphase das Stadium der Souveränität zu erlangen.

All das ist der wahre Grund dafür, warum es eine ganz normale, durchschnittliche Frau beispielsweise möglich machen kann, dass sie nicht nur mehr verdient, als ihr Ehemann in hoher oder gar sehr hoher Position in der freien Wirtschaft, sondern fünf oder sogar zehnmal mehr. Weil sie die Antwort auf das alles entscheidende

„Wie" hat. Sie ist nämlich „professionelle Kaffeeklatscherin", sie hat das Beisammensein, das Gespräch beim Kaffeeklatsch perfektioniert und professionalisiert. Denn: Diese erfolgreichen Frauen und Männer wissen, **wen** sie beim Gespräch vor sich haben, **wie** sie auf so einen Menschen reagieren, **wie** sie zuhören, **wie** sie kommentieren und zeigen, dass sie ernsthaft interessiert sind.

- Sie hören sich die Probleme, Sorgen, aber auch die Wünsche und Hoffnungen der/des anderen an,
- Sie nehmen ihren Gesprächspartner ernst,
- Sie fokussieren sich auf ihn,
- Sie geben der/dem anderen das Gefühl, ganz für sie/ihn da zu sein,
- Sie nehmen die Herausforderungen des Gegenüber an, und bemühen sich um Lösungsansätze,
- Sie nehmen die Stärken der/des anderen an …
- … und argumentieren zu guter Letzt mit der alles entscheidenden Angebots-Lösung und die heißt: **„Wunderbar, dass wir uns endlich kennenlernen durften. Denn nach unserem offenen Gespräch glaube ich, für Dich eine Möglichkeit zu haben, wo Du Deine Bedürfnisse und Stärken perfekt befriedigen kannst …!"**

Ich habe Dir versprochen, Dir Antworten auf das „Wie" zu geben, weil ich selbst entsprechende Erfahrungen gemacht habe. Es ist meine bisherige Lebenserfahrung in Echtzeit und mit echten Menschen und echtem Geschäft! Ich biete Dir hier keine Theorie an, die „eigentlich irgendwie funktionieren könnte", sondern echte, selbst gemachte Erfahrungswerte, die auch wirklich funktionieren. Frei nach dem Motto: Was einmal geht, geht zweimal …!" Und ich habe diese Praktiken und Methoden nicht nur ein- oder zweimal angewendet, sondern sie waren und sind mein Garant für meinen Erfolg im Network-Marketing, das Business, das heute meine Berufung ist und sich aufgrund meiner gemachten Erfahrungen als eine solche entwickelt.

Also, wie gehe ich vor? Zunächst einmal mit absoluter Ehrlichkeit. Ich rede hier nicht von einer profanen Masche oder einem System, sondern von aufrechter Glaubwürdigkeit. Und dies dokumentiert sich schon daraus, dass ich mir auch die Zeit für ein zweites Treffen und somit für ein zweites Gespräch nehme – wenn es notwendig ist. Denn im ersten habe ich meinen Gesprächspartner vielleicht ja „nur" kennengelernt, habe ihm zugehört und mich ernsthaft für ihn interessiert. Dabei hat er mir seine Sehnsüchte, seinen aktuellen Ist-Zustand und ebenso seine Stärken dargelegt. Alles Anhaltspunkte, auf die ich im nun folgenden Gespräch zurückkomme. In diesem zweiten „professionellen Kaffeeklatsch" sage ich ihr oder ihm:

„ … und daher wäre es komplett fahrlässig und überhaupt nicht fair von mir, Dir davon nicht zu erzählen, wovon ich Dir gleich berichten möchte. Ich sage Dir auch warum: Weil Du mir in unserem letzten Gespräch … (hier bitte nun die Probleme, Wünsche und Stärken der/des anderen benennen) … gesagt hast. Nach unserem Gespräch ist mir dann aufgefallen, dass ich ein Modell bzw. eine Möglichkeit habe, womit Du genau diese Deine Herausforderungen und Probleme lösen kannst und wo genau Deine Stärken voll zum Einsatz kämen. Und zwar dies alles komplett nach Deinem Stil und in Deiner bevorzugten Geschwindigkeit …!"

Achtung! Trenne dabei immer die reine Information von der später nachfolgenden Geschäftspräsentation. Denn beides sind komplett unterschiedliche Komponenten. Noch besser: Wenn Du die Infos gibst, lass jemanden anderen oder auch ein Tool später präsentieren, dass erhöht die Wertigkeit und Glaubwürdigkeit, weil immerhin zwei verschiedene „Überzeugte“ Zeugnis abgeben. Denn beide Gesprächsarten und -verläufe sind absolut unabhängig voneinander und divers. Großer Vorteil: Durch diese Tatsache kommst Du auch leicht und auf charmante Weise aus dem Info-Gespräch am Ende wieder heraus und kannst spielerisch leicht auf die später folgende Business-Präsentation hinführen. Nach dem Motto: **„… alles weitere würde jetzt schon zu weit führen. Ich wollte Dich ja nicht mit Neuigkeiten überhäufen, sondern Dich nur kurz informieren. Denn ich finde das alles hier gerade richtig begeisternd. Zum einen, dass wir uns hier wiedergesehen haben, und zum anderen dass Du so authentisch in dieses Business passen würdest. Was meinst Du, wann können wir uns dahingehend noch einmal etwas konkreter austauschen …?“** Das war es schon … Jetzt liegt der berühmte Ball im Garten der oder des anderen.

Stellt sich noch einmal die Frage, ob immer ein zweites Gespräch notwendig ist, oder ob sich dies nicht auch alles gleich beim ersten Date sagen ließe. Meine Antwort: Ja und nein! Es kommt wirklich auf die Qualität und den damit einhergehenden Flow des ersten Termins und Dialogs an. Wenn der gegeben ist, die Chemie stimmt und sich Dein Gegenüber wirklich öffnet, wenn es geradezu aus ihm heraussprudelt, eben weil er Dir vertraut und er merkt, wie sehr Du an ihm ernsthaft interessiert bist, dann lässt sich der eben genannte Part auch im ersten Gespräch bewerkstelligen. Du kannst dann den Flow als günstige Gegebenheit nutzen. Mein Rat: Gerade wenn Du noch neu im Business sein solltest und Dir die Erfahrungswerte für solche Gespräche noch fehlen, solltest Du besser stets zwei Gespräche führen. Auch, um im ersten Dialog den Eindruck zu vermeiden, Du hättest Dich den Worten des anderen nur gewidmet, um dann den quasi geschäftlichen Teil anzustoßen und dranzuhängen. Es braucht schon ein bisschen Fingerspitzengefühl und vor allem selbst gemachte Expertise für diese Art der Gesprächsführung. Insofern: Mit einem Re-Start durch ein zweites Gespräch geht man zugleich auf Nummer sicher und vermeidet entsprechende Situationen der Fehlinterpretation beim anderen.

Kleiner Bonus on top: Die temporäre Pause zwischen zwei Gesprächsterminen ist zugleich die Begründung, warum man den anderen mit einem „Warum“ einladen kann. Ich kann also bei der Einladung zum zweiten „professionellen Kaffeeklatsch“ das „Warum“ einfügen, nämlich warum ich sie oder ihn eben zum nächsten Talk oder zum nächsten Zoom-Call, Skype-Talk oder was auch immer bitte. Diese Begründung, also das „Warum“, lässt in Deinem Gesprächspartner zugleich eine andere, neue Motivation entstehen und er wird von Beginn an eine andere, eine neue Einstellung zu diesem Meeting haben – vor allem in Hinsicht und im Vergleich zum ersten Date. War es beim ersten Mal ein „Wohlfühl-Talk mit Kennenlernfaktor“, so ist es beim zweiten Mal vielmehr ein Meeting, wo jemand ihm eine großartige Chance schenkt. Ein großer und ebenso markanter Unterschied.

Auf einen für mich sehr wichtigen Punkt möchte ich an dieser Stelle zu sprechen kommen, und den bezeichne ich als „Accounting“, das eine Art „Kontakt-Management-Tool“ darstellt. Was verstehe ich genau darunter? Ein neuer Kontakt wird bei mir mit einem neuen „Account“ in meiner Kontaktliste abgelegt. Darin vermerke ich neben dem Namen und den Kontaktdaten auch den entsprechenden aktuellen Beruf und vor allem seine Bedürfnisse und Stärken, die ich beim ersten Treffen durch seine Erzählungen herausgehört habe. Alles wird in einem Account fein säuberlich notiert und wie eine Akte abgelegt. „Lacht gerne, sehr kommunikativ, modisch gekleidet …“ – das könnten eventuelle Stärken sein. Bedürfnisse wären dann beispielsweise: „liebt Italien, sucht größere Wohnung, Karriere stagniert …!“ das alles sind Punkte, an denen ich nämlich im Folgemeeting wieder anknüpfen kann, um ihm beim zweiten „professionellen Kaffeeklatsch“ eine Lösung anbieten zu können – nämlich mein Network-Marketing-Business.

Und bevor Du fragst: Ja, das habe ich zu Beginn meiner Network-Marketing-Karriere gemacht und genauso akribisch arbeite ich auch heute noch. Weil es ungeheuer wichtig ist, denn dieses Accounting ist meine „persönliche Besetzungscouch“. Dieser permanente Vorgang, der sich bei mir regelrecht verinnerlicht hat, ist für mich so wichtig wie mein Kalender. **„Accounting is Boss!“** und genauso meine ich es auch und genauso behandle ich diesen Prozess. Denn mit Accounting bist Du allzeit bereit, kannst jederzeit auf einem hohen persönlichen Niveau agieren und es füllt stets Deinen Kalender. Und für einen erfolgreichen Networker ist nichts wichtiger, als einen vollen Kalender zu haben. Sicher kennst Du den Spruch: **„Zeig mir Dein Kalender und ich weiß wie erfolgreich Du bist!“** Denn wenn da nichts drinsteht, kannst Du nicht erfolgreich werden. **Hast Du also ein gutes Accounting, ist das ein wertvoller Schritt dahin, dass so Dein Kalender voll wird. Denn: Ist Dein Kalender voll, hast Du eine sehr hohe Wahrscheinlichkeit sehr erfolgreich zu sein.** Das ist Fakt!

WEIL EINFACH EINFACH EINFACH IST ...

Bedenke stets: Wir befinden uns in einem People-Business, und das wiederum macht es notwendig, Erfahrungen zu machen, zu sammeln und die daraus gezogenen Erkenntnisse dann entsprechend einzusetzen. Es gibt kein absolutes Richtig oder Falsch. Es gibt nur einen Rahmen, indem sich Network-Marketer bewegen. Du bist also aufgefordert, ein Gefühl für die jeweiligen Situationen zu entwickeln und da heißt es eben „Learning by doing" bis die zuvor erwähnte Souveränität auch daraus mehr und mehr erwächst. In meinem Business geht es nämlich um Menschen und nicht um emotionslose Maschinen oder bloße digitale Algorithmen. Das bedeutet: Jede Aktion eines Menschen löst doch wiederum eine Reaktion aus. Und dies sind humane Mechanismen, auf die ich mal mehr und mal weniger vorbereitet bin. Jedes Gespräch läuft unterschiedlich und jeder reagiert auf bestimmte Dinge anders, eben weil jeder Mensch anders und verschieden ist. Somit entsteht für mich als Networker genauso wie für Dich in dieser Branche jedesmal bei einem neuen Gesprächspartner auch eine andere Herausforderung, die angenommen werden will. Genau das ist die Fähigkeit, um die es geht. Das lässt sich mit der Zeit vergleichen, als ich professionell gepokert habe. Natürlich ist jedes Blatt und jedes Spiel anders, aber ich habe die Herausforderung angenommen, egal welche Karten ich auf der Hand hatte und habe sie entsprechend gespielt. Denn es ergab sich immer ein neues Szenario, auf welches ich meiner Erfahrungen entsprechend gut oder auch mal weniger gut vorbereitet war. **Es ist quasi ein gekonntes Jonglieren und versiertes Hantieren mit diversen Déjà-vus. Die Kunst ist es, durch die Bewältigung von diversen Situationen**

und Herausforderungen das individuelle Repertoire stetig und immer weiter zu erhöhen.

Du benötigst als jemand, der aktiv im Network-Marketing-Business ist, einen vollen Werkzeugkoffer und das ist eben mehr als nur ein anwendbarer Satz, mehr als ein Pitch, mehr als ein Closer und mehr als ein Switch. Vielmehr heißt die Losung:

Erhöhe dein situatives Repertoire!

Und hier schließt sich wieder der Kreis: Denn Deine zur Verfügung stehenden Mittel können noch so gut und in der Anzahl vielfältig sein, aber Du überzeugst einzig und allein durch Deine, zuvor schon erwähnte, Authentizität. Bedenke: Network-Marketing ist als People-Business ein Geschäft, das größtenteils auf Vertrauen basiert. Dabei glauben die meisten, dass sie die Kraft dazu haben, Menschen zu überzeugen. Jeder von uns kann zu einem gewissen Maß vielleicht auf andere Einfluss nehmen – durch Charisma, durch Glaubwürdigkeit, durch Seriosität, durch Ehrlichkeit, durch logisch-konsequente Argumentationen –, aber wirklich überzeugen tut sich ein Mensch im Endeffekt schließlich nur selbst. Bei genauerem Hinsehen wirst Du entdecken, dass sich in dem Wort „überzeugen" ein anderes Wort verbirgt, und zwar „Zeuge". Und der „Zeuge" als Wort ist aktiv, indem es die Tatsache beinhaltet „Ich habe es selber gesehen bzw. erlebt und deswegen bin ich ein Zeuge". Daraus lässt sich schließen: Menschen treten in diese aufregende Welt des Geschäfts Network-Marketing ein, weil sie sich selbst überzeugt haben, dass es funktioniert.

Und die beste Art zu überzeugen ist heute das übliche und allgegenwärtige Geschäft, indem jemand die entsprechenden Produkte einer Company ausprobiert und von der Wirkung beeindruckt und somit überzeugt ist. Sie kommen gewissermaßen über die Produkte in mein Business.

Selbst probiert – Wirkung erlebt – überzeugt – Start des Business' – das ist der heute gängige Weg ins Network-Marketing-Geschäft. Das ist die ehrlichste und auch nachhaltigste Art und Weise der Überzeugung, nämlich durch Produktwert. Weil zudem gleich mit dokumentiert wird, dass alles, was ich als Network-Professional gesagt habe, auch wirklich der Wahrheit entspricht. Noch ein Grund mehr, warum die besagte „Lieschen Müller" und „Max Muster", also die nicht ganz übliche Sorte von Unternehmern, unfassbar genial, und zwar mittels eines äußerst einfachen Systems, in Erfolgs- und Einkommensdimensionen vorstoßen, die für so manchen unvorstellbar sind.

Darum behaupte ich immer wieder: **Das wichtigste Merkmal, für den Erfolg im Network-Marketing, ist die Fähigkeit zur Authentizität.** Alle anderen Skills und Tools werden damit in den Hintergrund gestellt und sind nur sekundär von Bedeutung. **Nur wenn Du weißt, wer Du bist, kannst Du aufgrund Deiner Authentizität „modellieren", weil Du so jeder Situation beinahe automatisch gewachsen bist.**

Diese Erkenntnis ist in mir immer weiter gereift, auch aufgrund meines Vorlebens und den dort gemachten Erfahrungen. Ob als Unternehmensberater, als Unternehmer oder in den bisherigen aktuellen Jahren als erfolgreicher Network-Marketer – ich habe Dinge erlebt, erfahren und meine Schlüsse daraus gezogen, die ich Dir hier gern vorbehaltlos weitergeben möchte. Ein Angebot an gemachter Expertise, wo Du auf meine Erfahrung zugreifen kannst wie an einem opulenten Büfett. Nur allein dieser Umstand befähigt mich, diese Einsichten und Tipps an Dich weiterzugeben. Dabei wirst Du sicherlich schon bemerkt und ebenso erkannt haben, dass es hier nicht um Zauberei, um Tricks, um intensivste Studien und tief greifende wissenschaftliche Forschungsergebnisse geht. Nein, meine Einsichten, die ich hier vermittle, werden auch keinen Nobelpreis zur Folge haben. Sollen sie auch nicht. Viel wichtiger ist es, dass Dir bewusst wird, die Magie von Network-Marketing-Business liegt in seiner reinen, puren Einfachheit. Auf dieser Erkenntnis basiert im Grunde genommen auch zu einem großen Teil mein geschäftlicher Network-Marketing-Erfolg mit all meinen weiteren Expertisen – ich bin somit Dein „Proof of concept".

Alles dreht sich in meinem Geschäft um die eine reale Wahrheit und die lautet: „**Weil einfach einfach einfach ist!**" Und genau diese Erkenntnis macht es zugleich für so manche wiederum so schwierig, weil der eine oder die andere verlernt hat, einfach, klar und strukturiert zu denken und zu arbeiten, stattdessen aber die latente Neigung besitzen, alles zu verkomplizieren und zu verklausulieren. Die Welt ist doch komplex genug, also lass uns doch froh sein, wenn es einmal endlich einfach ist! Und Network-Marketing ist einfach, weil es pur und rein ist, und zwar durch maßlose Authentizität und die damit verbundene Ehrlichkeit. Hier liegt der Zauber, der kein schnöder Griff in die Trickkiste ist.

Warum also kompliziert, wenn es auch einfach geht? Überflüssig! Menschen wollen und benötigen heute in unserer schnelllebigen Zeit effektive, effiziente, produktive Muster, nutzfähige Vorlagen, sie wollen Strukturen, schnell umsetzbare Anleitungen – und je einfacher dies alles ist, umso lieber wenden sie es an und umso schneller setzen sie es um. Mir ist in diesem Zusammenhang aufgefallen, dass oftmals in meinem Geschäft versucht wird, den vierten, fünften und sechsten Schritt zu erklären, aber man dabei gar nicht erwähnt, um was für einen Beruf es sich eigentlich handelt – und das wäre zunächst einmal der erste Schritt. Das ist ungefähr so, als ob Du beim Hausbau mit dem Dach beginnen würdest, und dabei auch alles richtig machst, anstatt aber erst einmal das Fundament zu gießen, auf dem dann letztendlich alles weitere aufbaut.

Und dieses Fundament sind Kontakte, aus denen geschäftliche Beziehungen erwachsen. Spätestens jetzt keimt bei dem einen oder der anderen die Frage auf: „Verstehe ich alles, aber wie bekomme ich denn diese besagten Kontakte, wenn ich selber viel zu wenig davon habe?“ Es ist kein Geheimnis, wenn ich Dir sage: **„Kontakte kommen nicht zu Dir, sondern Du musst sie suchen und finden!“** Dazu ist es zum einen notwendig, genau dort hinzugehen, wo man Menschen treffen und kennenlernen kann. Wer nur zuhause bleibt, wer nur vor dem Notebook oder vor den Fernseher sitzt, der wird es schwer haben, seine Kontaktliste zu erweitern, weil er eben zuhause niemanden treffen wird. Wen willst Du auf der Couch im Wohnzimmer kennenlernen? Also heißt Dein Motto ab sofort: Rausgehen und unter Menschen kommen! Ob im Café, in einer Bar, im Sportverein, im Fitnessclub, beim Cornern in Deinem Szeneviertel, beim Bummeln über Deinen Kiez, in Deinem Lieblings-Burgerladen oder sogar beim Einkaufen – es gibt Orte über Orte, wo Menschen sind. Und glaube mir, die allermeisten sind froh, wenn man sie einmal ansprechen würde, denn auch sie sind höchstwahrscheinlich auf der Suche nach anderen netten Leuten, gerade in so anonymen Zeiten wie heute.

Und natürlich gibt es auch eine zweite Möglichkeit, diejenige, die heute angesagter denn je ist: das Internet mit seinem gigantischen Forum „Social Media". Das ist der reinste Marktplatz, auf dem sich User – manchmal auch mit ihren Ideen oder Anliegen und Meinungen – Präsentieren und förmlich danach rufen: „Lern' mich kennen!" Denn zu guter Letzt ist das doch der wahre Grund, warum sie sich auf diesen vielen Kanälen tummeln. Sie wollen sich mitteilen und andere kennenlernen. Andere, die so ticken wie sie selbst. Denn die Bezeichnung „Social Media" wird ja nicht umsonst verwendet. Es ist ein „Soziales Netz", bei dem es wiederum um soziale Kontakte geht, denn das Wort „sozial" bedeutet in allererster Linie eins: auf die menschliche Gemeinschaft bezogen! Darum sage ich: Noch nie war es einfacher Menschen kennenzulernen wie heute. Nicht sammeln und dann wahllos anklicken, sondern nach sozialen Gesichtspunkten auswählen. Indem Du Dir beispielsweise die offenen Profile von anderen ansiehst. Und wenn Du dann eine oder gar mehrere Gemeinsamkeiten entdeckst, dann kontakte diese Person im Netz. Aber nicht nur durch das „nackte Anklicken" des Freundschaftsbuttons, sondern durch eine kleine Kurznachricht, wenige Sätze genügen.

Ein Beispiel: Ich habe Dir ja schon verraten, dass ich begeisterter Triathlet bin und mich für diesen Sport seit geraumer extrem interessiere. Als ich vor Kurzem durch die LinkedIn-Kontaktvorschläge surfte, habe ich jemanden entdeckt, der diese Leidenschaft mit mir teilt. Was meinst Du wohl, was ich getan habe? Na klar, ich habe ihn kontaktiert und ihm dabei geschrieben: „Hallo, ich habe Dein Profil entdeckt, dass mir sehr gefallen hat. Ich selber bin auch Triathlet. Lass uns doch miteinander vernetzen, damit wir uns über diesen interessanten Sport austauschen können. Ich bin mir sicher, wir können voneinander lernen …!" Jetzt muss eine anschließende Frage kommen wie beispielsweise: „...Welche Wettkämpfe hast du dieses Jahr noch geplant? Bist du eher auf der Kurz- oder Langdistanz zu Hause ...?“ Nur drei bis vier Sätze – und das war es schon ...

Es geht nämlich unterm Strich um lediglich einen wesentlichen Aspekt und der heißt: Finde beim Kontakten das gemeinsam verbindende Thema! Und schon hat man zusammen eine gemeinschaftliche Kommunikationsbasis. Schon hast Du Dich mit einem neuen Kontakt verbunden. Einen, den Du gesucht und gefunden hast! Das funktioniert online und offline!

REPUTATION & QUALITÄT: WERTVOLLSTE NETZWERK-BAUSTEINE

Charisma, Authentizität, Ehrlichkeit, Persönlichkeitsentwicklung bis hin zur Souveränität, Bekenntnis zur Einfachheit – alles Zutaten für den Aufbau eines funktionierenden Netzwerks. Denn das ist die Grundlage für das zweite Wort in meinem Business-Namen – Marketing. **Kein Marketing ohne Netzwerk! Denn Network-Marketing braucht beides – ein intaktes Netzwerk und ein aktives Marketing.** Beide Komponenten hängen aber unmittelbar zusammen und kommen nicht ohne die andere aus. Doch ist es allein das Netzwerk, was Du benötigst? Nein, dieses muss auch geschmeidig sein und aktiv nutzbar. Dies wiederum hängt stark von Dir und den Faktoren ab, die gerade zu Beginn des Absatzes aufgezählt habe. Denn diese Faktoren ergeben in der Summe wiederum das Maß Deiner Reputation. Sie bilden Dein Image, die Art, wie Du auf andere wirkst und was Dein Wort bei anderen zählt. Genau das ist von immenser Bedeutung. Anders gefragt: Wie nimmt Dich Dein Netzwerk generell wahr? Bist Du angesehen? Hat Dein Wort und Deine Meinung Gewicht? Denn hast Du einen Ruf mit einem hohen Stellenwert, dann fällt es Dir natürlich leichter, Dinge innerhalb Deines Netzwerks zu platzieren. Das ist alles eine Frage Deiner Reputation. Andersherum: Hast Du eine geringe Reputation in Deinem Netzwerk, ist das ehrlicherweise gleichzusetzen mit dem Status „Du hast kein Netzwerk“. Deswegen: Es besteht ein kausaler Kontext zwischen Reputation und Erfolg im Network-Marketing! Vor allem beim Start ist „the value of word“ ein wertiger Aspekt in Hinsicht auf Deine künftige Performance. Unter Berücksichtigung dieser Gesichtspunkte ist es somit auch für Dich möglich, Deinen individuellen „Overnight-Success“ zu kreieren. Achtung, jetzt kommt’s: Aber nur, wenn die Voraussetzungen stimmen! Eine Kausalität, die ich schon zuvor einmal erwähnt habe, die ich aber hier mit Nachdruck erneut zu Deiner Verinnerlichung aufrufe, damit auch Du Dir dieses wertvolle Momentum kreieren kannst!

Um Dir die Kraft der Reputation noch ein Stück weit näher zu bringen und ihre Wirkung zu verdeutlichen, möchte ich Dir noch ein Beispiel geben. Stell’ Dir vor, Du eröffnest ein Café. Es ist alles wunderbar eingerichtet, Du hast in einer schönen Gegend einen Laden mit einem tollen Ambiente entstehen lassen. Heute ist der Tag der Tage – Du feierst die Eröffnung Deines Geschäfts. Und was machst Du? Na klar, Du lädst Deine Freunde als erstes ein, damit Du sie von Deinem aromareichen Espresso ebenso überzeugen kannst wie von Deiner Latte Macchiato und natürlich auch von den wunderbaren, hausgemachten Muffins und Cupcakes. Stellt sich die Frage: Warum hast Du Deine Freunde eingeladen? Wäre es nicht besser einfach auf Laufkundschaft zu warten? Nein, natürlich nicht. Denn Dein Ruf eilt Deinem Können vor allem in Deinem Netzwerk, Deinem Freundeskreis, voraus und Du verfolgst doch richtigerweise ein Ziel mit der Einladung zur Neueröffnung: Du willst, dass Deine Freunde, bei denen Du eh einen „Vertrauensvorschuss“ hast und einen guten Ruf genießt, von Deinen Waren, von Deinen Angeboten im Café begeistert sind und es als frohe Kunde hinaus in die Welt posaunen. Sie sind Deine Marketing-Multiplikatoren. Ihre Botschaft soll lauten: „Geht mal dahin, denn der Kaffee ist super, der Espresso ist spitze und das Gebäck ist ein Gaumenkitzler ohnegleichen …!“ Dein Ziel ist es somit: Durch die beispielsweise 100 Gäste zur Einweihung, sollen künftig täglich 200 Leute Dein Geschäft besuchen und weil

es sich durch Deine Freunde herumspricht, was Du für einen sensationellen Laden eröffnet hast und sich ein Besuch bei Dir mehr als lohnt.
Aber: Wenn Du jemals zögerst, deinen Freunden von einer guten Neuigkeit, einem wunderbaren Produkt oder einer nennenswerten Dienstleistung zu berichten, dann lass es bleiben! Such dir neue Freunde!

Genau diesen Marketing-Effekt kann man immer und überall bauen, wenn das Netzwerk da ist und die Reputation stimmt. Letztendlich ist ein Start im Network-Business genau das gleiche: Eine Neueröffnung eines Ladens, zu dem Du Deine Freunde einlädst. Nur, dass sie keinen Kaffee und keinen Kuchen gereicht bekommen, sondern Produkte Deiner Partner-Company und eventuell die einmalige Chance, nämlich durch Network-Marketing ein neues, freies und selbstbestimmtes Leben aufbauen zu können. Ideal geeignet sind daher in diesem Fall Menschen aus Deinem Umfeld, die ein entsprechendes Bedürfnis haben, welches Du mit Deinem Angebot befriedigen könntest. Und genau diese Frage solltest Du Dir primär bei der „Einladung zur Neueröffnung" Deines Network-Marketing-Geschäfts stellen: „Wer hat welches Bedürfnis, das befriedigt werden kann?" Bei allen anderen hilft es wahrscheinlich, sich mit ihnen zu treffen und ein Gespräch zu führen, wo Du dann ebenfalls ein vermutlich vorhandenes Bedürfnis herausfinden kannst.

Aber, und das ist mein wichtigster Ratschlag in diesem Zusammenhang: **Gehe niemals in die Bettler- oder Bittsteller-Position zurück. Denn wer sich in der Bittsteller-Position befindet, der wird auch danach bezahlt.** Vielmehr ist das Gegenteil angesagt. Nur ein einziger Hauptaspekt sollte Dich bei aller Ernsthaftigkeit und bei allem Interesse am anderen dabei leiten: **Finde heraus, ob es wirklich interessant FÜR DICH ist, den anderen über die großartige Chance Network-Marketing zu informieren!** Zwinge niemanden zum Glück, sondern handel' aus dem Antrieb heraus, für Dich die besten Partnerinnen und Partner zu finden, mit denen Du den Weg des Erfolgs auch gemeinsamen gehen willst! Und noch etwas gilt es unbedingt zu berücksichtigen: Wenn Du sowohl die drei Stärken als auch die drei Bedürfnisse nicht kennst, dann stelle Deinem Gegenüber Dein Business gar nicht erst vor. Es wäre nahezu eine Verschwendung. Bedenke stattdessen: Erst wenn das Wissen darüber da ist, kannst Du mit damit die Vorteile und entsprechenden Anknüpfungspunkte erläutern.

Denn viele vergessen immer wieder eine wesentliche Tatsache: Einer, der größten Vorteile in meinem wunderbaren Business ist es doch, dass ich mir meine Geschäftspartnerinnen und -partner selber aussuchen kann – und niemand anders. Ich allein bestimme, wer mit mir zusammenarbeitet. Ein Big Point, der allzu oft in den Hintergrund versetzt wird, dabei kommt ihm eine essenzielle Bedeutung zu. Du musst Dich nämlich nicht mehr länger mit anderen arrangieren, die Dich eventuell nur aufhalten oder gar ausbremsen, die Dich unnötig Zeit und manchmal auch Nerven kosten. Nein, Du suchst Dir Dein Team für Dein Network-Marketing-Unternehmen aus, Du allein. Es macht doch einfach mehr Sinn und zugleich mehr Spaß, mit Menschen zusammenzuarbeiten, die das gleiche Set-up wie Du haben, die in die gleiche Richtung ticken, die gleiche oder zumindest ähnliche Werte haben. Denn mit denen verbringst Du selber gerne Zeit und hast eine entsprechend große Freude und Motivation daran, sie erfolgreich zu machen. Du weißt ja: Der Erfolg anderer ist im Network-Marketing stets auch Dein Erfolg! Darum ist dieser

Bestandteil für mich zugleich einer der wichtigsten und wertvollsten in meinem Business. Denn: Erfolgreiche Partner in der Downline sind Dein edelstes Asset für Erfolg, weil sie etwas bewirken. Bedenke: Deine Downline ist immer das Spiegelbild von dem, was Du selber bist. Und auch hier wird sich Persönlichkeitsentwicklung entsprechend darstellen. Ein Team, mit dem Du heute arbeitest, wird in zehn Jahren ganz anders sein – von der Optik bis zur Mentalität, vom Charisma bis zur Dynamik. Warum? Weil sowohl Du Dich stetig weiterentwickelst als auch jeder in Deiner Downline. Denn genau dafür sorgst Du ja, indem Du jeden hochmotiviert zunehmend erfolgreich machst. Fällt Dir somit auf, wie wichtig es ist, wen Du sponserst? Denke daran: **„Qualität zieht Qualität nach ... ! Denn Du bekommst immer nur das in Deine Downline, was Du selber tolerierst!"**
Das heißt logischerweise: Was Du nicht tolerierst, wird sich auch nicht in Deiner Downline wiederfinden. Daher möchte ich Dich dazu ermuntern, die Chance zu be- und zu ergreifen: **Sag' nein zur Masse und ja zur Klasse! Forme Dir Deine eigene Downline – mit höchster Qualität und ohne Kompromisse!** Denn sie ist es, die sich künftig dupliziert, weil Du sie selbst so geschaffen hast, wie sie jetzt gerade ist!

Wenn ich meine eigene Downline betrachte, dann erfüllt mich das Bild, welches ich dann vor mir habe, mit sehr großem Stolz. Alles Frauen und Männer, die in ihrem bisherigen Leben auf ihre ureigene Art schon etwas erreicht haben. Nein, das müssen nicht alles Akademiker sein. Warum auch? Es sind vielmehr Menschen, die schon Ziele erreicht und neue, klar definierte Ziele vor sich haben, die sie mit professioneller Konsequenz verfolgen. Es handelt sich um Partnerinnen und Partner, die auf eine bemerkenswerte Vergangenheit zurückblicken können und eine entsprechende vor sich haben – und dies völlig unabhängig vom Alter. Oder anders ausgedrückt: Sie alle können eine faszinierende Story erzählen. Genau dies ist ein Anspruch, den ich stelle: Highlevel in jeglicher Form! Ich wollte nie Menschen in meinem Team haben, denen ich erklären muss, wie ihr Leben zu funktionieren hat. Nein, ich will ausschließlich Frauen und Männer um mich versammeln, die motiviert sind, die Lust haben auf Leben, auf Erfolg, die lebensbejahend und lebenshungrig sind. Da bin ich völlig kompromisslos. Selbst dann, wenn ich spüre, dass mein Weg durch die Suche nach solchen speziellen Frauen und Männern etwas länger dauert. Genau aber das macht meine Downline so außergewöhnlich und besonders und es ist der Grund, warum sie daher eigentlich einen ganz anderen Namen verdient hätte, einen der ihrem Charakter eher entsprechend würde – nämlich Powerline statt Downline! Genau dazu rufe ich Dich auf: **Mache aus Deiner Downline eine Powerline bezüglich der Mentalität und Qualität Deiner Partnerinnen und Partner!**

Der Grund für meine Kompromisslosigkeit in diesem Zusammenhang liegt nicht in einem finanziellen Aspekt. Ganz im Gegenteil, bei mir dominiert der Anspruch auf Qualität mit einem entsprechenden Nachhaltigkeitsfaktor. Doch dafür geben sich viele andere wiederum viel zu wenig Zeit. Bei ihnen vermisse ich den unternehmerischen Blickwinkel. Aber wie funktioniert es im klassischen Unternehmertum? Doch eigentlich so: Ein Unternehmer investiert, egal ob Zeit oder Geld, und dann läuft sein Geschäft oder Teile davon erst einmal für einen gewissen Zeitraum im roten Bereich“, bis der sogenannte Return-of-Invest-Effekt spürbar wird. Das jedoch ist im Network-Marketing-Business keinesfalls anders. Man investiert Zeit in die Qualität seines eigenen Unternehmens. Zeitgleich wird man aber schnell, manchmal sogar vorschnell, von außen zu einem Statement „genötigt", dass einen in die passive Bewerterrolle drängt. Meist fällt bekanntermaßen schon nach wenigen Wochen oder gar Tagen die Frage mit einem gewissen Häme-Faktor: „Na, wie läuft's?" Das ist gleichbedeutend mit dem Anspruch, von jetzt auf gleich performen zu müssen und zwar extrem erfolgreich. Es scheint sogar so, dass man seinen Return of Invest – und sei es nur für den Betrag des Starterpakets – maximal in einer Woche zurückverdient haben muss. Ansonsten droht von außen umgehend das Fehlurteil, dass dieses Business nicht funktionieren würde. Falsch, und zwar in jeglicher Hinsicht. Denn Network-Marketing muss als lupenreine unternehmerische Tätigkeit angesehen werden. Dieses Business ist professionelles, wirtschaftliches Unternehmertum und muss auch entsprechend behandelt und aktiv vollzogen werden. Welches Unternehmen auf dieser Welt wurde denn innerhalb einer Woche zu einem Welterfolg? Keines! Warum aber wird das dann vom Network-Marketing-Business verlangt oder erwartet.

Ich bereite jede Partnerin und jeden Partner in meinem Team genau auf diese Situation vor, indem ich ihnen deutlich mache, das sie sich allesamt mindestens ein Jahr Zeit geben sollen und müssen. Das gilt im Übrigen auch für den Aufbau eines Netzwerks. Wer schon eins hat – prima. Wer noch keins hat, der muss erst eins aufbauen, und das funktioniert eben nicht in wenigen Wochen, sondern dauert über Monate hinweg seine Zeit. Und diese Zeit muss man sich nehmen. Erst kommt das Aussäen, dann die Ernste. Und für einen erfolgreichen Networker gibt es auch nur etwas zu ernten, wenn „reife Kontakte" in ausreichender Menge vorhanden sind.
Wer anders denkt, der braucht in meinen Augen gar nicht erst zu starten, weil er kaum Chancen auf nachhaltigen Erfolg hat – maxi-

mal auf ein kurzes monetäres Strohfeuer. Aber in diesem einen Jahr muss man alles geben, was dazugehört. Deswegen selektiere ich ja auch, wer bei mir startet – eben nur Menschen, die Erfolg haben werden, weil sie ihn wollen und weil sie es können. Dazu gehört unter anderem, dass alle mit einem finanziellen Eigeninvest in einer von mir definierten Mindesthöhe für ihren Produktwert starten und diesen auch in einem ebenso definierten Zeitraum zurückverdienen. So schaffe ich Erfolgsvoraussetzungen vom Start weg und ideale Bedingungen, dass Menschen dabeibleiben. Ja, das liegt auch daran, weil der besagte Eigeninvest eine gewisse Größe besitzt und es demjenigen wehtun würde, wenn er dieses Geld nicht zurückverdienen würde. Verstehst Du nun, warum diese Betragshöhe wichtig ist? Denn wäre sie klein oder gar zu klein, würde es kaum jemandem schwerfallen wieder mit dem Business aufzuhören, in dem Moment, wo es vielleicht erstmalig anfängt etwas schwieriger oder mühseliger zu werden. Doch der Drang seine investierte Geldsumme zurückzuverdienen, hält Menschen wiederum im Geschäft und eröffnet ihnen so die Möglichkeit, das Business über die Zeit hinweg viel intensiver kennen- und auch schätzen zu lernen. Denn durch ihr Durchhalten erkennen sie, dass es nicht nur funktioniert, sondern dass es darüber hinaus sogar großartig funktioniert und sie mitten dabei sind, erfolgreich zu werden und ihren Traum von einem eigenständigen Leben voller Unabhängigkeit und Selbstbestimmung zu initiieren. Exakt um diese Chance hätten sie sich selbst gebracht, wenn sie vorzeitig bzw. zu früh aufgrund von ersten Herausforderungen aufgegeben hätten.

BEGEISTERUNG IST SCHIER UNSCHLAGBAR

Schon öfter hast Du das Wort „Voraussetzung“ auf den bisherigen Seiten gelesen. Dazu habe ich Dir auch schon diverse Komponenten genannt, die als „Basis-Zutaten“ dazugehören. Ein weiterer und ebenso wichtiger Bestandteil ist der Faktor der Begeisterung. Es ist die größte, motivierende Antriebskraft, die ein Mensch generell erleben kann. Sei begeistert von dem, was Du tust – das gilt im Übrigen für alles in Deinem Leben, aber für unser Network-Marketing-Business im ganz Besonderen. Du musst nicht gleich zu Beginn alles von diesem Geschäft wissen bzw. wissen wie es funktioniert. Ich verrate Dir ein Geheimnis: **Du bist sogar dann richtig gut, wenn Du entsprechend wenig weißt. Weil Du dann mit vielen Menschen wenig redest, statt mit wenig Menschen viel zu reden!**

Diese Erkenntnis erstaunt Dich, stimmt’s? Ging mir anfangs auch so, aber sie hat sich als wahr und wertvoll in meiner bisherigen Network-Laufbahn bewiesen. Warum dieser Satz so aussagekräftig ist? Weil es immer diese Sorte Mensch gibt, die anfänglich alles, aber auch alles bis ins kleinste Detail wissen wollen. Sie studieren die pure Theorie. Mit welchem Ergebnis? Sie kommen genau über diese Theorie nie hinaus und gelangen selten nur in die reale Praxis. Wir leben heute zunehmend in einer Welt, wo der scheinbare Expertenstatus eine immer gewichtigere Rolle spielt. In meinen Augen ein fataler Trend und ich plädiere daher dafür – gerade im Network-Marketing –, dass wir uns wieder trauen müssen, diesen besagten Expertenstatus zu verlieren. Der Grund ist ebenso klar wie ernüchternd: Im Network-Marketing verdient der angebliche Experte kein Geld und er wird auch nicht erfolgreich, denn er baut auch keine große Organisation auf. Weil er es nicht schafft, die Kenntnisse der Theorie in die Praxis umzusetzen. Hier dominiert nämlich Hirn statt Herz, aber genau dieses Herz – eben diese Begeisterung – ist maßgeblich und der Katalysator zur erfolgreichen Praxis. Sie ist der Kickstart, die Dich ins Tun kommen lässt.

Konkret ist es meine Aufgabe, dass vermeintliche Expertenwissen als aktiver und praxiserfahrener Network-Marketer scheibchenweise und wohl portioniert in meine Downline zu transferieren. Denn eines ist ebenso klar: Je mehr Wissenstransfer ich in meine Downline vollziehe, desto höher ist auch die Wahrscheinlichkeit, dass ich selber erfolgreich bin, bleibe und noch erfolgreicher werde. Eben, weil ich meine Downline sukzessiv immer erfolgreicher mache. Denn noch einmal: **Die Zeit meiner Downline ist viel zu kostbar, als dass sie meine eigenen, selbst begangenen Fehler noch einmal macht! Andersherum: Lasse ich die Fehler, die ich bereits gemacht habe, von Frauen und Männern aus meinem Team wiederholen, dann verliere ich effektiv Zeit auf dem Weg nach weiter oben.**

Darum: Nutze statt Expertenwissen gerade zu Beginn die Kraft der Begeisterung! Denn Begeisterung steckt an, dagegen sind andere nahezu wehrlos. Diese positive Energie fließt ungehindert von Dir auf andere und dies mit einer ungezügelten Wirkung und geht voll unter die Haut. Jemanden, der begeistert ist, den kannst Du nicht ins Tal der Tränen runterziehen, eben weil seine Begeisterung ihn oben hält, oben auf der schwungvollen Welle der emotionalen Ekstase. Dieser innere Elan, diese freudige Schwungkraft ist nicht zu stoppen. Genau das habe ich doch auch getan. Denn ich wusste bei meinem Start ins Network-Marketing, wie ausdrucksstark und charismatisch ich sein kann und ich wusste um meine eigene zügellose Begeisterung. Da wurde mir doch klar: Die anderen können sagen, was sie wollen, gegen meine Begeisterung haben sie keine Chance, und dagegen können sie sich einfach nicht wehren. Ich bringe mein neues Business an die Spitze und mich selber auch – weil ich begeistert bin und mich deshalb niemand runterziehen kann. Kein anderer kann sich der ansteckenden Kraft der Begeisterung entziehen. Es geht einfach nicht. Wie schön! Und deshalb mein Appell: **Sei begeistert und nutze diese positive Super-Energie!**

Diese Begeisterung ist aber das genaue Gegenteil von „theoretischem Wissen“. Du erreichst sie – falls Du nicht schon vermutlich total begeistert bist – durch eine innere Stimmigkeit. Und zwar indem Du ehrlich überzeugt bist, was Du bist, wenn Du wiederum authentisch bist. Ein Faktor ergibt sich aus dem anderen und hängt wie eine Faktorenkette zusammen. Das ist ein Wohlgefühl der inneren Überzeugtheit, mit einem Schuss Gelassenheit, weil Du weißt, was zu tun ist und in Dir der Antrieb herrscht: Das, was ich weiß, muss jeder wissen! Diese Chance, die ich nutze, will ich auch anderen bieten! Das Produkt, was so genial wirkt, soll auch bei anderen wirken. Das, was mir geholfen hat, muss endlich auch anderen helfen … Es ist eine Art Mission, eine Botschaft, die niemand still bei sich behalten kann, sondern die raus in die weite Welt posauniert werden muss und zwar mit voller Lautstärke und mit Begeisterung.

Aber, und das möchte ich hier gleichfalls betonen: Begeisterung ist kein externer Impuls wie beim Unterschied von intrinsischer und extrinsischer Motivation, wo die eine von außen initiiert wird und die andere aus Dir selber heraus erzeugt wird. Begeisterung geht nur von Dir selber aus und kann sich auch nur eigenständig in Dir entfachen. Du entscheidest dabei selber. **Du darfst Dir die Begeisterung selber holen!** Und dies indem Du sie selbst suchen, finden und abholen darfst! Es ist komplett Deine freie Entscheidung. Ich behaupte sogar: Ich selber würde meinen Verantwortungsraum abgeben, wenn ich mir die Begeisterung von jemand anderem wünsche! Es geht doch nicht darum, dass Dich jemand anderes begeistert, sondern vielmehr darum, dass Du selber innerlich begeistert bist! Und dies eben, indem Du gleichfalls überzeugt bist.

Ich habe Dir schon erzählt, wie ich zum Network-Marketing gekommen bin. Nein, das war alles andere als erlebtes Jubel- und La-Ola-Feeling, was ich damals bei meiner ersten Geschäftspräsentation erlebt habe. Aber, und das ist der entscheidende Punkt, ich habe mir meine Begeisterung ebenfalls selber geholt. Und zwar als mir damals bewusst wurde: „Wenn nur zehn Prozent von dem wahr sind, was man mir gerade erzählt hat, dann ist das mein Geschäft und ich rocke das ...!“ Ja, keine Frage, ich habe mir dort sogar Begeisterung geholt, wo eigentlich gar keine Begeisterung war. Aber genau das ist in meiner Branche machbar. Es ist vergleichbar mit einem ersten Tauchgang. So oft hast Du schon im Fernsehen Filme über die bunte, faszinierende Unterwasserwelt gesehen – aber noch nie live. Doch heute ist es soweit: Dein erster Tauchgang steht an. Du entscheidest Dich zwischen Respekt oder gar Angst vor dem Tauchen und dem puren Erlebnis. Die Entscheidung ist gefallen und Du springst ins Wasser. Jetzt ist es soweit, Du tauchst ab in diese einzigartige Welt des Meeres mit seinen Korallen, Fischen und diesem unsagbar schönen Ambiente. Jetzt erlebst Du die Faszination Tauchen selbst. Du machst Deine eigene Erfahrung und holst Dir damit Deine eigene Begeisterung. Genauso ist es beim Network-Marketing. Du entscheidest Dich dafür, machst Deine eigene Selbsterfahrung und erlebst dabei die ganze Einmaligkeit, diese ungeheure Anziehungskraft, den Reiz und den Spirit – und schon bist Du mitten dabei, Dir Deine eigene Begeisterung zu holen. Das wird Dein eigener „Proof of concept“.

Ich ahne schon, was für eine Frage nun in Dir aufkommt, nämlich: Wie können unsere beiden Bekannten, „Lieschen Müller“ und „Max Muster“, sich diese Begeisterung holen, wenn sie doch im Sumpf des grauen Alltags gefangen sind? Und meine Antwort ist so einfach wie entwaffnend: Indem sie einfach nur eine einzige Entscheidung treffen und die lautet „Willst Du im grauen Sumpf bleiben oder nicht?“ Eine Entscheidung, die sie selber fällen und treffen können, dürfen und müssen. Denn wenn sie sich nicht dafür entscheiden diesem grauen Alltag zu entfliehen, werden sie auch niemals den Weg zu sich und ihren eigentlichen Wünschen finden. Es geht in so einem Augenblick darum für „Lieschen Müller“ und „Max Muster“ Klarheit zu schaffen. Nämlich die Transparenz der Eigenerkenntnis, bei der offensichtlich wird, dass im Grunde genommen gar keine Chance besteht, aus der jetzigen Position in die Wunsch-Situation zu gelangen. Das ist so ausweglos, dass es wiederum nur einen Ausweg gibt und der heißt: **Verschiebe Deine Perspektive!**

Denn nur mit neuem Blickwinkel lassen sich auch neue Dinge erkennen, die wiederum neue Möglichkeiten eröffnen. Und auch hier befinden wir uns erneut in dem Bereich „Voraussetzungen schaffen oder ändern“. Konkret gesagt geht es darum, das eigene Milieu und Umfeld zu verändern. Wobei niemand, auch ich nicht, sagt, dass dies immer einfach ist oder gar schmerzfrei. So eine Modifizierung der Umstände ist manchmal sogar gleichbedeutend mit einem harten Schnitt. Ich habe das selber erlebt. Manch überaus guter Freund von damals hat heute keinen Kontakt mehr zu mir, weil wir keine Wellenlänge mehr haben oder ihnen mein Erfolg suspekt erscheint. Das kann ebenso Neid sein oder Unverständnis für ein Business, und manchmal ist es eben „nur" eine Veränderung innerhalb des Milieus. Aber in so einem Fall gilt immer das Motto: **Eine Veränderung des Umfelds schafft Platz für neue, gute, ehrliche Freunde!**

Insofern gilt für Dich und alle aktiven Network-Marketer: **Werde Dir klar darüber, was Du nicht mehr willst! Die Antwort führt Dich dann zu dem, was Du willst und was zu tun ist!** Helfen kann dabei der gute alte Schreibblock und ein Kugelschreiber. Zusammen mit diesen Utensilien setzt Du Dich hin und notierst Dir offen und ehrlich, was momentan an Deinem Leben toll ist und was Dich nervt und Du einfach nicht mehr haben willst. Manchmal reicht es sogar aus, nur aufzuschreiben, was man nicht mehr will. Du entscheidest. In beiden Fällen aber wird offensichtlich, wohin für Dich die Reise gehen wird. Nämlich, ob Du in Deinem Leben etwas grundlegend verändern willst und auch musst, oder ob alles gut ist, wie es aktuell ist!

Ein Blick zurück auf den letzten oder die beiden letzten Tage können dabei vieles verdeutlichen, und ebenso ein kurzer Blick in die Zukunft mit all ihren Perspektiven. Und? Willst Du immer noch alles so lassen, wie es war und ist, oder schreit das Ergebnis förmlich nach Veränderung und Neuorientierung? Hier schließt sich erneut ein Kreis, weil Du mit der Beantwortung der zuvor gestellten Frage wieder beim Thema Charisma und Identität gelandet bist.

EMOTIONEN ALS GEFÜHLTER WEGBEREITER

Emotionen sind in dem Geschäft, indem ich engagiert tätig bin, von größter Bedeutung. Sie entscheiden oftmals über ein Ja oder Nein, über das Für und das Wider. Aber stopp – ist Begeisterung nicht auch eine Emotion? Natürlich, der Unterschied in diesem Fall aber ist, dass ich mit meiner Begeisterung bei jemand anderem ein positives Gefühl erzeuge und somit in ihm eine Emotion auslöse. Das eine also geht von mir aus und das andere zu jemandem hin. Diese Emotion eines anderen ist gleichsam ein entfachtes Ergebnis meiner eigenen Begeisterung.

Mit diesen beiden Bausteinen erschaffst Du gleichsam eine Situation, in der Dein Gegenüber ein positives „Pro-Gefühl" entwickelt. Er überzeugt sich quasi selbst von Deinem Angebot! Durch Einfachheit, Verständlichkeit, Nachvollziehbarkeit, Bildhaftigkeit und Klarheit inklusive Begeisterung und Emotionen keimt eine Gefühlslage in dem anderen auf, die einer gedanklichen Argumentationskette gleichkommt und ihn veranlasst, „dafür zu sein". Der Coup dabei ist: Du argumentierst in diesem Augenblick nicht, sondern Dein Gesprächspartner argumentiert sich selbst zum „Pro". Es entsteht ein positiver, logisch konsequenter, argumentativer Eigenantrieb! Und je besser, versierter und halt auch charismatischer Du dieses Momentum bestimmst und nutzt, desto kleiner wird beim anderen das Nein und die Wahrscheinlichkeit von einem Ja wird parallel dazu um ein Vielfaches erhöht.

Als Formel würde sich somit folgende Gleichung daraus ergeben:

Einfache Sprache = Verständlichkeit = einfache Bilder = positive Emotionen = Entscheidung = JA

Diese Gleichung, oder nenne ich sie „logische Abfolge", bewirkt nämlich im Grunde eines: Man selbst findet plötzlich mehr und mehr Argumente, die dafür sprechen und immer weniger Scheinargumente dagegen. Genau dieser Effekt löst in Deinem Gegenüber die „positive Selbstargumentation" zum Ja aus. Mit der Konsequenz, dass Du nun auch nicht mehr „pro argumentieren" musst, denn der oder die andere findet den Weg von selbst.

Immer alles unter einer Voraussetzung: Du bist ehrlich! Denn nur wer ehrlich ist, ist auch glaubwürdig. Verlässlich in Wort und Tat zu sein, ist der Grundstein für eine dauerhafte Beziehung, weil nur das Vertrauen schafft und ohne Vertrauen ist alles nichts! Vergiss niemals: **Auch Vertrauen bekommst Du nicht geschenkt, Du musst es Dir erarbeiten**, peu à peu bei dem anderen aufbauen, ihm eine Möglichkeit geben, Vertrauen wachsen zu lassen. Wodurch? Durch sogenannte Follow-ups – das sind Impulse, die Du setzt und die in dem anderen etwas auslösen, und zwar immer wieder neu und anders, was Stück für Stück Vertrauen erschafft. Damit wird aber auch eindeutig: Ein Impuls reicht nicht aus. Es heißt nicht „Peng, hier ist das Vertrauen", nein, ein Impuls muss an den anderen an- oder auf ihn draufgesetzt werden. Mal genügen vier, fünf oder acht Impulse, manchmal sind auch mehrere nötig. Wichtig ist: Die Chance auf ein Ja erhöht sich mit jedem einzelnen Impuls. Weil nämlich die besagten Follow-ups gleichzusetzen mit Vertrauen sind, mit Verlässlichkeit in Wort und Tat, mit Zuverlässigkeit, Zuversicht, Glaube und Optimismus. Merke: **Ehrlichkeit und Verlässlichkeit ist professionell, alles andere ist noch nicht einmal laienhaft.**

Verpackt man diese „Follow-up-Technik" in ganz normales, übliches Tun, lässt man also aktive Taten sprechen, bekommt das Ganze einen ganz anderen, natürlichen Prozess-Charakter. Versetze Dich doch einmal in die Lage eines Menschen, dem Du eine großartige Chance angeboten hast. Im ersten Gespräch hast Du ihm interessiert zugehört und er hat sich Dir gegenüber geöffnet. Seine Wünsche, seine Träume hat er Dir offenbart und auch alles das, was aktuell in seinem Leben halt nicht rund läuft. Und das war ziemlich viel. Ihr habt Euch verabschiedet und .... nichts kommt mehr. Kein Follow-up. Wie bitte soll derjenige sich denn nun fühlen, wo Du ihm doch die Lösung all seiner Herausforderungen angekündigt hast? Du hattest ihm doch das Gefühl vermittelt, ihn für Dich gewinnen zu wollen und auch für Dein Business. Das soll ehrlich sein? Glaubwürdig? So baust Du Vertrauen auf? Wie kann der andere ab sofort davon überzeugt sein, dass Du der Richtige für ihn bist? Wie soll er glauben, dass Dein Geschäft zu ihm passt und eine Lösung darstellt? Hatte er doch gehofft, wenigstens bei Dir endlich Anerkennung und Wertschätzung zu erfahren. Wo ist denn nun der zweite Anruf? Meinst Du es doch nicht ernst mit ihm? Nein, so bist Du nicht, denn Du bist viel zu verlässlich, um so fahrlässig zu agieren. Du bist ja auch schon ein Network-Marketing-Professional.

Wer diesen Erfahrungs-Status (noch) nicht hat, der flüchtet sich schnell in die scheinbare Ausrede: Ich will den anderen ja nicht nerven! Da kann ich nur sagen: Falsche Perspektive! Gehe nicht von Dir aus, sondern versetze Dich immer in die Gedankenwelt des anderen. Denn der andere möchte weiter umworben werden, er braucht einen nächsten Impuls. Genau der würde nämlich Deine Glaubwürdigkeit bei ihm weiter erhöhen. Es geht im Network-Marketing primär um den anderen, nicht um Dich!

Wie Du das Follow-up und den entsprechenden Prozess steuerst, ist immer abhängig von der von mir sogenannten „Nutzen-Energie“. Dabei geht es um die Energie, die Du schaffst, indem der andere selbst die Antwort auf Fragen findet wie beispielsweise „Welchen Nutzen habe ich davon, wenn ich mich noch einmal mit dem anderen treffe?“, „Welchen Nutzen habe ich davon, wenn ich sein Produkt kaufe und ausprobiere?“, oder „Welchen Nutzen habe ich davon, wenn ich dessen Business kennenlerne?“. Zweck ist es, dass Dein Kontakt selbstständig erkennt und obendrein das Bewusstsein erlangt, dass Du ihm einen echten Mehrwert bieten und geben willst. Ein Network-Marketing-Beginner wird in diesem Prozess immer noch selber das Eigenbewusstsein justieren, wie er dem anderen den Nutzen näherbringt. Er wird sich entsprechend vorbereitende Gedanken machen. Je erfahrener er wird, wird dieser Prozess ein Automatismus werden, der ganz intuitiv ausgelöst und vollzogen wird, weil das mit den gemachten Erfahrungswerten einhergeht. Es ist wie bei einem Kochrezept, dass man mehrfach nachkocht. Anfangs blickt man immer wieder drauf, später kennt man nicht nur die Zutaten auswendig, sondern weiß auch völlig automatisch welcher Schritt auf den nächsten folgt und vieles macht man ohne hinzugucken ganz von selbst.

Diese besagte Verlässlichkeit und das erzeugte Vertrauen, was Du beides in dem anderen erzeugt hast, führt Dich unaufhaltsam dazu, seine jeweils drei Bedürfnisse und Stärken ausmacht: der Kern des Gesprächs. Du willst ja auf Augenhöhe kommunizieren, willst somit einen starken Partner gewinnen, einen der bestenfalls einmal stärker wird, als Du selber bist. Um dieses Stadium zu erreichen, musst Du eben wissen, mit wem Du es zu tun hast. Auch, damit Du die Gewissheit hast, warum und ob Du überhaupt Deine wertvolle

Zeit in den anderen investieren willst. Wie gesagt: Hast Du einen Vorteil davon? Eine für mich wichtige und sehr entscheidende Frage an einen vermeintlich künftigen Partner oder eine Partnerin lautet: Wie würdest Du heute arbeiten, wenn Du 10.000 Euro pro Monat im Network-Marketing verdienen würdest? Welche Entscheidungen würdest Du treffen und mit welcher Selbstverständlichkeit würdest über unser Business sprechen? Wie würdest Du heute ein Netzwerk aufbauen?

Das ist ein Sprung in die „Was-wäre-wenn-Phantasiewelt", aber einer der sich lohnt. Es ist die aktive Steuerung, die Führung und positive Beeinflussung des eigenen Schicksals, dass man so in seiner eigenen Hand hält. So wird der Satz „Faith it until you make it" hautnah spürbar, der dann auch „Fake it until you make it" überschreibt. Denn mit diesen Fragen und diesen Impulsen löse ich in dem anderen das Gefühl aus, heute schon so zu denken und zu arbeiten, wie er oder sie es tun würden, wenn eben diese zuvor genannte Einkommenshöhe schon real wäre. Ganz klar: Wer verantwortlich wie ein CEO denkt, der wird auch ebenso verantwortlich und hochwertig arbeiten! So habe ich immer gearbeitet und es wird sicherlich auch Deine künftige Maxime sein, weil Du wie ich nun weißt: Um im Network-Marketing den Turbo zum Erfolg zu zünden, musst Du eins sein – **The Networker!**

EPILOG:

Liebe Leserin, lieber Leser,

geschafft, Du hast das Ende des Buches erreicht und Dir sind dabei sicherlich viele neue Gedanken gekommen, neue Anhaltspunkte aufgefallen, oder Du hast aktivierende Impulse gespürt. Gut so, denn ich habe Dir die Truhe meines gesamten Erfahrungsschatzes geöffnet, habe Dir alles gesagt, berichtet und offenbart, was es Dir meiner Meinung nach möglich macht, ein perfekter Netzwerker zu werden. Das meiste davon ist pure erlebte Praxis, sind selbst gemachte Erfahrungen, die mir auf meinem Weg mehr als nützlich waren und die daher auch Dir sicherlich erheblich weiterhelfen werden.

Insofern kann ich mir gut vorstellen, dass Du in diesem Buch nicht nur einen Satz gelesen und kennengelernt hast, der für Dich entscheidend ist und vielleicht sogar alles noch für Dich weiter optimieren wird. Vielmehr sind auf allen Seiten sogar mehr als drei Dutzend Thesen, Merksätze und Erkenntnisse für Dich enthalten, die Dir nicht nur zu finanziellem Erfolg, sondern auch zu persönlicher Zufriedenheit, noch mehr Freiheit, einer großartigen Karriere und zu einem bemerkenswerten Team verhelfen können. Darum meine Bitte verbunden mit einem Appell an Dich: Gehe dieses Buch doch noch einmal komplett unter eben dieser Prämisse durch, lass die Sätze an Dir Revue passieren und streiche Dir nicht nur einen Satz an, sondern markiere Dir Deine persönlichen Top-Ten-Thesen! Ich bin sehr gespannt, für welche Du Dich entscheiden wirst. Um Dir die Suche und zugleich die Entscheidung etwas zu erleichtern, habe ich Dir am Ende des Buches meine persönlichen und zugleich wichtigsten Devisen, Leitsätze und Slogans zusammengefasst. Wer weiß, vielleicht bekommen wir ja tatsächlich einmal die Gelegenheit, Deine individuelle Auswahl meiner zusammengestellten Erkenntnisse persönlich zu besprechen. Warum nicht? Die globale Welt rückt immer näher zusammen, und daher wäre es wunderbar, wenn wir uns einmal – wie und wo auch immer – persönlich kennenlernen würden. Social Media macht's z.B. möglich. Insofern freue ich mich jetzt schon, von Dir und Deinen künftigen Erfolgen zu hören.

Nach dem Lesen dieses Buches hast auch Du bemerkt: Egal, wie groß Dein Unternehmen und damit Deine Downline ist, als Networker dreht sich alles darum Netzwerke aufzubauen, Netzwerke zu erschließen, Netzwerke zu kreieren. Dazu genügt es manchmal sogar nur einen einzigen Menschen kennenzulernen, der Dir den Zugang oder die Opportunity bietet, darüber 1.000 andere wertvolle Menschen kennenzulernen. Aber: Es kann ebenso sein, dass Du erst 1.000 Frauen und Männer kennenlernen musst, um diese eine Person zu finden – die Dein Zugang und Dein Multiplikator für die nächsten 1.000 Kontakte ist. So funktioniert das Geschäftsmodell!

Fakt aber ist: Du musst Dir beide Möglichkeiten erarbeiten! Denn vergiss nicht: Erst kommt das Network, und dann das Marketing und nur in dieser Reihenfolge erlebst Du die erfüllende, selbstbestimmte Magie dieses einzigartigen Business. Darum wünsche ich Dir an dieser Stelle nicht Glück, sondern für den Aufbau Deines Netzwerkes und für Deinen persönlichen Network-Marketing-Erfolgs die nötige Geduld für meine Essentials:
KÖNNEN, WOLLEN, TUN & SEIN!

Dein **Andreas Küffner**
im August 2020

THESENFAHRPLAN & GLAUBENSSÄTZE

von Andreas Küffner – „The Networker"

Ich habe Dir im Folgenden die wichtigsten Thesen, Slogans und Essentials zusammengefasst. Diese Glaubenssätze sind ein mentaler Guide, ein Wegweise, ein Motivator und ebenso ein hilfreiches Navi für Dich auf Deinem Weg THE NETWORKER zu werden.

☞ **Verantwortung ist keine Bürde. Sie ist vielmehr ein großer Vertrauensbeweis anderer und ist ebenso eine Ehre, der man sich bewusst sein sollte.**

☞ **Trust yourself, then life will trust you!**

☞ **Erfolg ist das Resultat, welches aus Arbeit entsteht.**

☞ **Man muss Dinge oft genug wiederholen, um sie irgendwann richtig oder gar perfekt machen zu können. Und man muss sie auch genau an der Stelle, zu dem Zeitpunkt abrufen können, wenn man sie braucht.**

☞ **Du musst die richtigen Dinge richtig und oft genug richtig tun!**

☞ **Ich kann es! Ich schaffe es!**
Und erst recht, wenn es drauf ankommt!

☞ **Wenn Du nicht weißt, wer Du bist, wirst Du auch niemals mehr aus Dir machen können!**

☞ **Network-Marketing ist Persönlichkeitsentwicklung mit einem fundiertem Kompensationsplan.**

☞ **Das Können kommt immer vor dem Wollen!**
Du kannst etwas noch so sehr wollen,
wenn Du (es) nicht kannst, nützt Dir kein Wille etwas.

☞ **„Leader of example“ – wer führt muss Beispiel sein!**

☞ **Wenn Dein Warum groß genug ist,**
dann findest Du auch Dein Wie!

☞ **Was muss ich HEUTE tun – um erfolgreich zu werden – und um schneller erfolgreich zu werden?**

☞ **Network-Marketing bietet Dir die Chance zu kompromissloser Selbstständigkeit mit absoluter Selbstbestimmung und grenzenlos unternehmerischer Freiheit!**

☞ **Produziere so viele Gewinner wie nur möglich, dann wirst Du selber gewinnen. Helfe so vielen wie möglich Erfolge zu feiern, dann wirst Du den Erfolg im Ergebnis haben!**

☞ **Die Zeit des anderen ist viel zu wertvoll, um die Fehler zu begehen, die Du selber schon begangen hast.**

☞ **Bunte, reale Praxis schlägt immer die graue, irreale Theorie!**

☞ **Wo die Angst ist, ist auch der Weg zur Authentizität – und zu noch mehr Charisma.**

☞ **Charisma ist Dein persönlicher Unwiderstehlichkeits-Faktor!**

☞ **Nur wer authentisch ist, überzeugt wirklich!**

☞ **Fördere die Stärken anderer Menschen, weil Du mit der Entwicklung von Gewinnern punktest!**

☞ **Network-Marketing heißt:**
Produziere viele Gewinner und Du wirst gewinnen!

☞ **Kommunikation ist ein Vehikel, es ist die größte Macht in der Empfehlung und damit im Network-Marketing.**

☞ **Schaffe die richtigen Voraussetzungen, dass eine gute, ehrliche, tief greifende und somit wertschätzende Kommunikation entstehen kann.**

☞ **Du kannst bei den richtigen Menschen nichts falsch machen – und bei den falschen Menschen nichts richtig!**

☞ **Die allerhöchste erreichbare Stufe in der Entwicklung der Persönlichkeit ist die Souveränität.**

☞ **Accounting is Boss!**

☞ **Zeig mir Deinen Kalender und ich weiß, wie erfolgreich Du bist!**

☞ **Mache aus Deiner Downline eine Powerline!**

☞ **Erhöhe dein situatives Repertoire!**

☞ **Nur wenn Du weißt, wer Du bist, kannst Du aufgrund Deiner Authentizität „modellieren", weil Du so jeder Situation automatisch gewachsen bist.**

☞ **Weil einfach einfach einfach ist!**

☞ **Kontakte kommen nicht zu Dir, sondern Du musst sie suchen und finden!**

☞ **Finde beim Kontakten das gemeinsam verbindende Thema!**

☞ **Kein Marketing ohne Netzwerk! Denn Network-Marketing braucht beides – ein intaktes Netzwerk und ein aktives Marketing.**

☞ **Wer sich in der Bittsteller-Position befindet,
der wird auch danach bezahlt.**

☞ **Finde heraus, ob es interessant FÜR DICH ist, den
anderen über die Chance Network-Marketing
zu informieren!**

☞ **Du bekommst immer nur das in Deine Downline,
was Du selber tolerierst!**

☞ **Sag' nein zur Masse und ja zur Klasse!**

☞ **Du bist richtig gut, wenn Du wenig weißt.
Weil Du dann mit vielen Menschen wenig redest,
statt mit wenig Menschen viel zu reden!**

☞ **Sei begeistert und nutze diese positive Super-Energie!**

☞ **Du darfst Dir Deine Begeisterung selber holen!**

☞ **Verschiebe Deine Perspektive!**

☞ **Eine Veränderung des Umfelds schafft Platz für
neue, gute, ehrliche Freunde!**

☞ **Werde Dir klar darüber, was Du nicht mehr willst!
Dann erkennst Du, was Du willst und was zu tun ist!**

Nichts schafft
mehr Motivation,
als die Sinnhaftigkeit des
eigenen Tuns.

*Viel Spaß
beim Networken*